シミュレーションで探る

災害と人間

井田 喜明 著

近代科学社

◆ 読者の皆さまへ ◆

平素より，小社の出版物をご愛読くださいまして，まことに有り難うございます．
㈱近代科学社は1959年の創立以来，微力ながら出版の立場から科学・工学の発展に寄与すべく尽力してきております．それも，ひとえに皆さまの温かいご支援があってのものと存じ，ここに衷心より御礼申し上げます．
なお，小社では，全出版物に対してHCD（人間中心設計）のコンセプトに基づき，そのユーザビリティを追求しております．本書を通じまして何かお気づきの事柄がございましたら，ぜひ以下の「お問合せ先」までご一報くださいますよう，お願いいたします．

お問合せ先：reader@kindaikagaku.co.jp

なお，本書の制作には，以下が各プロセスに関与いたしました：

・企画：小山 透
・編集：大塚浩昭
・組版：DTP（InDesign）／tplot inc.
・印刷：三美印刷
・製本：三美印刷
・資材管理：三美印刷
・カバー・表紙デザイン：tplot inc. 中沢岳志
・広報宣伝・営業：冨髙琢磨，山口幸治，東條風太

はじめに

著者はシミュレーションには愛着とこだわりがある．大学で進めた研究ではシミュレーションを研究手法の中心にすえてきたし，定年後はシミュレーションを業務とする会社に勤務する．本書を世に出すにあたり，シミュレーションになぜ執着するのか，その理由を記したい．

何か新しい内容を理解しようとするとき，著者は身近にある類似なことがらを探すことが多い．たとえば，国家の財政を考えるときは家計と比較する．そうすることで問題が身近になり，共通に働く規則や相違点について頭が活発に働いて，問題を的確に捉えられるようになる．

著者が主な研究対象にしてきた火山現象では，噴出するマグマはよく栓を抜いたときのビールにたとえられる．高圧下では溶解して表には見えない気体成分が，減圧を受けると発泡して液体を泡だらけにする．この変化がマグマとビールでそっくりなのである．ビールを類推することで，火山の噴火時に進行する様々な現象についてイメージが膨らみ，問題の理解や考察の展開を助けるのだ．

人間は概して抽象的な思考が苦手で，それを具体的な形に噛み砕いたときにはじめてすんなり頭に入る．この具体化の手段にシミュレーションがある．シミュレーションは元々が真似をするという意味の語だが，現在はコンピュータの力を借りて現象を擬似的に表現する技術をさすことが多い．シミュレーションは現象をイメージできる形に具体化する．この機能が重要だと著者は考える．

本書がシミュレーションを取り上げるのも，それが災害や人間について理解を深める上で大いに役立つと確信するからである．この趣旨に沿って，本書は現象の本質に迫れそうな簡単なシミュレーションの例題を題材に選ぶ．簡単な例題にこだわるのは，プログラムを組むのが容易だからという理由ばかりでなく，現象の本質がシミュレーションから容易に読み取れるからである．

このような趣旨で選んだシミュレーションの例題は，本文では議論を具体的に進める目的で利用し，計算方法の詳細は数式を含めて付録にまとめる．付録はプログラムを自分で組もうとする読者の手引きであるが，数学的な記述は現象についてしばしば言葉以上の内容を伝える．プログラムを実際に組まなくても，この視点から付録を覗くことは決して無駄ではない．

一方で，シミュレーションには現象を忠実に表現して予測能力をできるだけ高めようとするものもある．天気予報に使われる大気運動の計算や，大気と海洋を一体化して気候変動を予測しようとする計算がその例である．このような計算のプログラムは多数の研究者が共同で開発し，大規模で複雑なものになることが多い．それについては，計算の意図や仕組みが明瞭に理解できるように解説したい．

現象よりもコンピュータやプログラムに関心を抱く読者もおられるだろう．このような読者には取り上げた例題が魅力的なプログラムの題材になればと願っている．この題材が踏み台になってもっと優れたプログラムが開発されたら，著者にとって望外の喜びである．

本書は，企画から原稿のチェックや印刷に至るまで，近代科学社の小山透氏と大塚浩昭氏に大変お世話になった．ここに記して感謝の意を表したい．

2018年6月
井田喜明

目　次

第1章　人間もシミュレーションの対象

第2章　災害の基礎知識

第3章　気象現象と気象災害

第4章　地震予知はなぜ難しい

第5章　噴火予測と火山災害

第6章　津波は大災害の原因

第7章　人的な災害

第1章
人間もシミュレーションの対象

コンピュータの急速な進歩とともに社会の仕組みは大きく変わった．社会は高度に情報化され，全体を把握するのも展開を見極めるのも難しくなった．そこで，人間のつながりや社会の仕組みを理解し予測する手段として，「シミュレーション」の役割に期待が高まっている．

1.1 コンピュータ時代に生きる

1940年代に生まれたコンピュータは，発射された大砲の弾が着弾する前に着地点の位置が計算できるとされて，当時の人々を驚かせたという．初期のコンピュータの主な目的は，科学計算などの計算速度を高めることにあった．手計算でやったら一生かかるような計算を瞬時にやってのけて，科学者の寿命を大幅に伸ばしたと評価されたのである．

コンピュータは処理の手順をプログラムとして個別に書いておくので，様々なプログラムを準備することで多様な目的に利用できる．同じコンピュータが惑星の運動の計算にも，橋の設計に必要な強度の評価にも，会計データの整理にも使えるのである．この高い汎用性のために，コンピュータは世界中の研究機関などに広く普及した．

20世紀後半にはトランジスターなどの半導体が進歩して電子部品を変革し，コンピュータの演算装置や記憶装置も小型化されて安価に作れるようになった．その結果として，汎用の大型計算機の機能が著しく向上し，それとならんでハンディーな小型計算機がパーソナル・コンピュータ（PC）として大量生産されるようになった．PCといえども性能は高く，初期の大型コンピュータより優れた演算速度と記憶容量を保持していることは驚異に値する．

それでも初期のPCは記憶媒体が未発達で，動作を管理するオペレーティング・システム（OS）や，ユーザーが各種の目的に利用するのを助ける応用プログラム（アプリケーション・ソフトウェア）が貧弱であった．そのためにPCの機能を使いこなすには高度なプログラミングが必要であり，PCは部分的に科学計算などに使われたが，一般にはあまり普及しなかった．

事情が変わって誰もがPCを使う時代が訪れたのは，PCを効率的に制御するWindowsやMacなどのOSが開発され，様々な応用プログラムが普及したことによる．文書は紙とペンではなくワープロで書き，事務処理にも表計算のソフトウェアを使うのが普通になった．プリンターなど各種の接続機器も充実して，コンピュータは作図，作曲，翻訳，ゲームにも使われるようになった．

同じ頃にインターネットが通信や情報伝達に革命を起こして，コンピュータの社会への影響はさらに拡大した．瞬時に送受信されるメールが手紙の座を奪い，ホームページを通して各種の情報が世界中から手軽に得られるようになった．インターネットは宅配便と結びついて買い物にも利用され，流通機構にも変革が広がっている．さらに，インターネットなどの通信機能を主に利用する目的で，PCより小型で持ち運びに便利なタブレットやスマートフォンなどの普及が急速に進んでいる．

工場ではコンピュータは各種の装置を制御して作業の自動化を進め，多くの労働者を生産現場から解放した．安価に作られる超小型のコンピュータは多くの電子機器に組み込まれて商品の利便性を高めた．列車や飛行機の運行もコンピュータの制御が不可欠になった．このようにして経済活動も変化し，人間の労働力はサービス業など，自動化が難しい分野に移行を続けている．

今やコンピュータは人間の役割や社会の仕組みを大きく変え，人類は好むと好まざるとにかかわらずコンピュータ時代に生きている．社会は高度に情報化されて複雑になり，あふれた情報からマスコミなどに好まれる話題のみが取り上げられて注目を集める傾向が強まった．一方で，社会の深層で何が起きてどう展開するかが分かり難くなり，世界がどこに向かうのかに多くの人々が不安を抱くようになった．

この事態に対処するには，人間は想像力を強化する必要があるが，コンピュータにはそれを助ける機能が備えられている．たとえば，ビッグデータとよばれる膨大な情報の流れから何らかの意味を取り出す技術開発が進んでいる．想像力を補助する手段には模擬実験の意味をもつシミュレーションがあり，自然科学ではすでに多くの分野で使われている．人間や社会を対象とするシミュレーション手法もここ数十年間に急速に進歩した．

高度の情報化は社会に脆弱さをもたらす原因にもなる．コンピュータ・ウイルスやハッキングを含めたサイバー犯罪は，コンピュータ社会の健全な運営や情報管理に大きな脅威となっている．インターネットによって虚偽の情報が広域に流れる事態もしばしば起こるようになった．これらの問題への対処を誤ると，人類の将来は不安定なものになるだろう．

社会の脆弱性は特に災害時に露呈する．災害の内容もその対処方法にも，従来とは違った要素が加わってきている．災害に関するシミュレーションにも，自然現象とともに人間の対応を重視する必要性が認識されている．

1.2 コンピュータと人間の頭脳

初期のコンピュータは人間とは対照的な存在だった．人間の思考が多岐にわたって散漫に移り変わるのに対して，コンピュータは単純な演算をひたすらこなす．人間の作業が遅くて間違いがつきものなのに対して，コンピュータの動作は速くて正確である．この基本的な違いは今も変わらないが，機能を格段に高めたコンピュータは人間の認識や思考の奥深い能力に急接近を図ろうとしている．

科学計算には膨大なデータを高速に処理することの要求が今も根強くある．たとえば，天気予報に必要な気象現象や地球温暖化を含めた気候変動を解析する目的には，大気や海の運動をたどる大規模なシミュレーションが実行されているが，地球の複雑な実態に合わせるにはまだ精度や分解能が不足しており，さらに詳細な計算が要求される．処理能力を強化するためにコンピュータは改善を重ね，その性能は10年で1000倍に向上するといわれている．

人間が従来果たしてきた多くの作業が現在までにコンピュータに代わられた．進歩の最先端にある人工知能の分野では，コンピュータに人間の認識機能や思考能力をもたせるための研究が意欲的に進められている．その技術が自動車の自動運転などの開発につながるからである．人間の頭脳の基本機能はコンピュータと同様に情報の処理，伝達，記憶から成るから，コンピュータが人間に近づき超えることは原理的には可能である．それが実現したら人類は危機に陥るという警告も今までに何度も発せられた．

実際には，認識能力や思考能力で現在のコンピュータは人間に遠く及ばない．理由のひとつはコンピュータと人間の間で発達の仕方が全く違うことであろう．人間の頭脳は生存するための過酷な戦いを通して身体機能や感情とともに発達してきた．純粋に論理的な存在であるコンピュータのほうは，単純な演算を複雑に組み合わせることで能力を高めていく．同じ働きでも，機能をになう構造や作業の仕方には大きな違いがある．

人間の体内を行きかう情報は神経回路（神経細胞ニューロンのつながり）を通って電気信号として伝達される[1]．伝達には興奮性と抑制性の神経細胞が対になって関与してバランスを取る．眼などの感覚器官で得られて脳に入った情報は，海馬とよばれる部位で一時的に記憶され，長期間保存すべき情報はさらに前頭葉や側頭葉に転送されて保存される．記憶の再生が必要になったら，それを求める信号が発せられて記憶が取り出される．

神経細胞の間にはシナプスとよばれる電気的な隙間があり，伝達された電気信号はグルタミン酸などの化学物質を生み出して隙間を通り抜ける．シナプスを通して神経回路は分岐したり，合流したりして，情報は分離や合体をしながら変形する．シナプスは電位差や構造変化の形で情報を保持し記憶する機能ももつ．

人間は生まれたときは脳の神経回路が未発達だが，成長の過程で神経細胞が次第につくられて神経回路が発達していく．様々な経験を経て学習された内容は，神経回路を成長させて脳の機能を強化する．その過程で重要な神経回路は太くなり，不要な神経回路は消失する．こうして人間の能力は成長とともに次第に高まり，個人差も増幅される．

人類の頭脳の容積が急増したのは今から200万年前ころのことである（図1.1）．この時期に，おそらく言語が発達した．言語は単なる通信の手段を超えて，物事を抽象的に認識し，関連づけする道具になった．人間は頭の中に抽象化された世界をつくって思考するようになった．学習によって獲得される能力や知識は，大きさを増す頭脳に大量に蓄積できるようになり，人間の適応性や柔軟性を飛躍的に高めた．

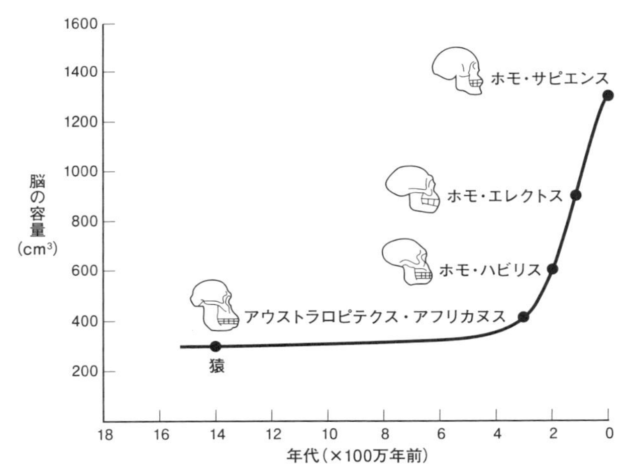

図1.1 人類の脳の発達の歴史 [2]．脳の容積は300万年前ころから数十万年前ころにかけて急増した．発達の中間段階で出現したホモ・エレクトスなどの人類はすべて絶滅し，現在の人類はすべてがホモ・サピエンスの子孫である．

コンピュータも電子回路から構成され，情報は電気信号によって伝達される．その構造は単純な演算機能をもつ電子回路が入出力機器や多数の記憶回路を従える形でできている．人間の能力が複雑に成長した神経回路として保持されるのに対して，コンピュータの機能は電子回路の膨大な連鎖をどう運用するかにかかっている．人間の能力はハード的に備えつけられるが，コンピュータの能力はソフト的につくられるのである．

人間の認識能力や思考能力をコンピュータはどうやって獲得するのだろうか．それを問題にするときにはコンピュータの代わりに人工知能の語がよく使われる．人工知能が外部から受け取るのは膨大な数値の羅列である．そこから情報を集約してどこまで意味を抽出できるかが人工知能の能力の指標となる[3]．情報の集約は，情報量を減らして情報を抽象化することに対応する．

たとえば，人間が紙に書いた文字を人工知能が読み取る問題では，人工知能はまず文字を含む部分の画像情報を300×300点程度の濃淡のデータとして受け取る．そこからノイズを除去して人間が黒く書いた部分を取り出し，黒い部分のつながりが標準的な文字の形状のどれに近いかを探す．実際には文字には人により癖があり，同じ人が書く文字もいつも同じ形状ではないから，作業は簡単ではない．いずれにせよ，この作業がうまく成功したときに900点程度の濃淡の情報は一つの文字に集約される．

人工知能の動作は人間の作ったプログラムに従うから，そのやり方をとる限り，人工知能が情報を集約する過程で出会う多数の状況は，対応策を人間がすべてプログラムに書き込む必要がある．しかし，膨大な対応策を人間がすべて拾い出して記述するのは至難の技である．人による文字の書き方の癖をすべて定量的に分類して判別法を客観化する作業を想像したら，その難しさが理解できるだろう．

そこで，通常は人工知能に自ら学習させる方法がとられる．人工知能に沢山の事例を読み込ませ，それを集約する様々な方法を試みさせて，効率的に集約する方法を見つけさせるのである．こうして得られた集約法は100%成功するとは限らないが，その点は人間も同じである．集約を何段階も積み重ねて情報の抽象化を段階的に進め，成功の確率を高めていけばよい．

ところが，集約の積み重ねはなかなかうまく機能しなかなかった．集約を何段階か進めるうちに誤差が累積して，それ以上の抽象化ができなくなるのである．この困難を克服する上で最近注目されている方法に深層学習（deep learning）がある[3] [4]．深層学習は集約の各段階で様々な方法によって特徴量の再現性を確保し，確実性を高めて多段階の集約を可能にする方法である．最近話題になった実績に，人工知能が猫を認識し，囲碁で人間を負かしたことがあげられる．

人工知能は多くの点で人間よりまだかなり劣るものの，その能力は着実に高まっており，人間の肩代りができる作業の範囲も広がっている．

1.3 シミュレーションの意義

何らかの選択を迫られたときに"シミュレーションをしてみよう"と思うことがある．選択肢の各々に対応して何が起こるかを推測し，結果を比較しながら最も適切な選択を模索するのである．このようにシミュレーションは日常的にも馴染みのある概念である．

一般にシミュレーションは実際の現象や出来事をまねて類推することをさし，その目的や方法は様々である．シミュレーションで得られる動画を映画などに用いる場合には，現象の本質が違っても見かけが似ていればよい．しかし，大多数のシミュレーションは同じ内容をできるだけ忠実に再現しようとする．シミュレーションを用いて実際の現象が起こる前に展開を予測したり，実際の現象では見えにくい内部や隠れた部分を明確にしたりする意図があるからである．

シミュレーションには内容や経過のよく分かっている類似な現象が使えることがある．同じような状況で経験した過去の出来事や，類似な状況で起きた他人の経験談などを題材にするのである．このような類推は原因がよく分からなくても知識があればでき，題材が架空のものでなく，実現が保証されている点も強みである．しかし，同じ題材が直面する問題に本当に適用できるのかどうか，またどこが似ていてどこが違うのかが明確でない場合も少なくない．

現象の性質や因果関係が分析できれば，シミュレーションの信頼性や限界がもっと明確になる．現象を要素に分解し，各々の原因や要素間の関係を追及するのである．そうすることで，現象の展開でもたらされる結果ばかりでなく，それが発生する環境や条件についても論理的な推測が可能になる．環境や条件を修正することで，結果が好ましい方向に変えられる場合もある．

自然科学の研究分野では，コンピュータの普及で定量的なシミュレーションが手軽に行えるようになった．自然現象は多くが構成要素に分解でき，要素の性質や要素間の関係が数式などを用いて比較的容易に定量化できるからである．シミュレーションには，大気と海の運動の計算のように，多数の研究者が関与する大がかりなものも少なくない．

自然現象を支配する一番基礎になる法則は，運動方程式やエネルギー保存則などの形で厳密に書かれている．シミュレーションの内でこれらの基礎法則だけを用いてできる計算は第一原理計算とよばれる．量子力学で計算される電子の状態や，ニュートン力学で計算される天体の運動などがその例である．第一原理計算は計算の精度を上げればいくらでも正確な結果が得られる．たとえば，天体運動の計算は数年後に起こる日食の時間を秒の単位まで予測できる．

自然現象の多くはもっと複雑で，基礎法則に加えて現象に何らかのモデル化をほどこさないと定量化できない．たとえば，空気や水などの流体には多くの渦（うず）ができるが，大きさや形状が多様な渦の挙動は基礎法則だけでは対処するのが難しい．そのために流れの解析には渦の効果を近似するモデルが使われ，計算結果の信頼性はモデルの妥当性に依存する．大気運動のシミュレーションにも水蒸気の凝結などを近似する複数のモデルが含まれており，その誤差が天気予報の正確さをそこなう原因になる．

ひるがえって，人間の行動や社会現象には厳密に成立する基礎法則が存在しない．それどころか，人間は自由意志をもつから，行動の予測は不可能であるとさえ考えられる．実際には，自由意志のために人間の行動に逆に規則性が表れることがよくある．たとえば，道路を歩く大多数の歩行者は勝手に歩くのではなく各々が目的地を定めて急ぐ．また，経済活動をする人々は儲けることを共通の目的にする．

このような規則性に着目すれば，そこから生ずる社会現象はシミュレーションの対象になる．シミュレーションが特に注目するのは相互作用の効果である．明確な目的があっても，相互作用のせいで結果が乱されたり意図どおりに進まなかったりすることがよくある．たとえば，多数の人々が同じ方向に歩くことで道路が混雑し，目的地への到達が遅れた経験は誰もがもつ．皆が儲けようと進めた経済活動が経済恐慌を招いて大勢が損をした経験も歴史に残されている．

自由意志をもつ人々の相互作用が様々な場面で意外な結果を招くことは，次項で取り上げるゲーム理論で明快に示された．ゲーム理論は20世紀半ばころに経済学の内部で生まれ，経済現象の解析に新たな道を開いた．また，日常的に見られる多くの社会現象にも光を投げかけた．雑然としているように見える社会現象が独自の法則で体系化できることを示して，シミュレーションにも強い影響を与えた．

人々の自由意志や相互作用が定量的に表現できれば，社会現象に関する定量的なシミュレーションが可能になる．そのためには人間や社会への洞察や分析を駆使して適切なモデルをつくる必要があるが，厳密な基礎法則をもつ自然現象に比べれば，モデルにはかなり大きな曖昧さを伴うことが避けがたい．モデルの検証に役立つ観測事実や実験データも不足しがちなので，シミュレーションの結果をできるだけ多くの事例と比較しながらモデルを練り上げることが重要になる．

災害は自然現象が誘発する社会現象である．災害に関連する自然現象や社会現象にはシミュレーションの対象として取り上げられて成果がかなり得られた問題もあるが，まだ解析手法が定まっていない問題も少なくない．さらに，自然現象と社会現象を結び付けて災害の全体像を描く上で，シミュレーションには大きな役割が期待される．

1.4 ゲーム理論の推論

ゲーム理論は，名称からは遊びでするゲームの指南書のように感じられるが，実際に対象とするのは経済現象や社会現象である．ゲーム理論でいうゲームとは，主体的に意思決定や行動をする複数の人や組織（これをプレイヤーとよぶ）が定まったルールの下で相互に影響し合う状況をさす．ゲーム理論はプレイヤーの相互作用を分析し予測する科学なのである[5]．

ゲーム理論が想定する状況の内で，プレイヤー間で情報交換や合意ができる場合を協力ゲーム，できない場合を非協力ゲームとよぶ．二人のプレイヤーが関与する非協力ゲームに，ゲーム理論の形成にも重要な役割を果たした「囚人のジレンマ」というゲームがある．これはゲーム理論の解説でもよく取り上げられる次のようなゲームである．

ある犯罪を一緒に実行した太郎と次郎が警察に捕まった．警察は太郎と次郎を別々によんで，自白を取ろうと次のように働きかけた．もしお前が自白し，共犯者が黙秘したら，お前を無罪にしてやる．ただし，お前も共犯者も自白したら，二人とも懲役5年にする．逆に共犯者が自白し，お前が黙秘したら，お前は懲役10年にする．お前も共犯者も黙秘したら，二人とも懲役1年にする．実は，二人ともが黙秘したら警察は犯罪の軽微な部分しか立証できないのである．

日本では起こりえないような場面だが，司法取引が可能などこかの国の出来事だとして，警察の働きかけで何が起こるかを想像してみよう．二人の犯罪者が取りうる選択と，その組合せで生ずる刑罰は図1.2のように整理される．

		次郎	
		黙秘	自白
太郎	黙秘	1年　1年	10年　0年
	自白	0年　10年	5年　5年
		↑太郎　↑次郎	↑太郎　↑次郎

図1.2　囚人のジレンマのゲームで起こりうる可能性の整理．太郎と次郎が独立に自己の利益を追求すると，二人とも自白する．この状態（濃い影の部分）がナッシュ均衡である．しかし，外からの示唆があれば，二人とも黙秘してもっと賢い選択（薄い影の部分）ができる．

まず太郎の側に立って状況を分析しよう．もし次郎が黙秘したら，自分が自白すれば無罪，黙秘すれば懲役1年になる．次郎が自白する場合には，自分が自白したら懲役5年，黙秘したら懲役10年になる．結局，次郎がどちらの選択をしても，太郎は自白するほうが得である．次郎も同じように考えるだろうから，二人とも自白するのが最も起こりそうな状態である．

このように，非協力ゲームでは各々のプレイヤーが自分の利益を独立に追求した結果として，ある状態が実現されると予測する．この状態をナッシュ均衡（Nash equilibrium）とよぶ．ナッシュ（J. F. Nash）はゲームの構造について研究した数学者の名前である．囚人のジレンマの例では，二人の共犯者がともに自白する状態（図1.2で濃い影の部分）がナッシュ均衡である．

一般に，ゲーム理論では定量的に表現された各プレイヤーの利益が最大になる状態をナッシュ均衡とよぶ．囚人のジレンマの例では，懲役刑の年数は不利益を表すから，その符号を変えたものが利益の指標になる．そこで，太郎と次郎の両方が自白する状態がナッシュ均衡になる．プレイヤーの選択は合理的な思考に基づいて自主的になされるから，ゲーム理論は自由意思の相互作用がもたらす効果を解析する理論であるといえる．

利益の相互作用の効果を一般法則として定式化したことで，ゲーム理論は広く応用できるようになった．推論過程の詳細は省略して，ゲーム理論の予測内容をいくつか上げてみよう．皆が使っているという理由で最良でない製品が市場を独占する現象はコーディネイション・ゲームのナッシュ均衡である．同じ商品を販売する店が隣接して生まれるのはホテリング・ゲームの均衡状態である．各国が相手を牽制し合って核兵器の開発をやめないのはチキン・ゲームの均衡状態である．

ここで重要な問題に留意しよう．ナッシュ均衡は各プレイヤーが自己の利益を追求する結果として生ずる状態であるが，それがプレイヤーにとって最良の選択であるとは限らない．囚人のジレンマのゲームで二人の囚人が一番幸せなのは，二人とも黙秘して懲役1年で済ませる選択（図1.2で薄い影の部分）である．自己の利益ばかりを追求して懲役5年の刑を受けるのは，むしろ愚かな選択である．

囚人のジレンマで非協力ゲームの前提がくずれて，弁護士が囚人二人の意思疎通を仲介できるようになったら，弁護士は二人が結託して黙秘することを勧めるだろう．そうなれば二人は自白をやめ，刑期は1年で済む．外からの働きかけがあれば，好ましくないナッシュ均衡は回避できるのである．このように，ゲーム理論は各自が自分の利益を追及するだけでは最良の選択が得られないことも示した．

ゲーム理論はもともと経済学の内部で発達し，それまで経済学を支配してきた新古典派から主流派の座を奪い取った．新古典派の主張する自由放任主義を批判して，個人が自分の利益を追求して自由な経済活動をすると，ある種の均衡状態（ナッシュ均衡）に至るが，それは全体の利益になるとは限らないと説いた．好ましくない均衡を避けるには，経済に政府などの介入が必要だと主張したのである．

1.5　人間集団を構成するエージェント

自然現象の対象が無心に自然科学の法則に従うのに対して，人間は自由な意思で判断して行動する．人間集団を対象とするシミュレーションは人間の自由意思を原動力とする多様な社会現象や経済現象を扱う．現実には意思のぶつかり合い（相互作用）のために行動は意思通りには進まない．このような相互作用の効果を評価することがシミュレーションの中心的なテーマになる．

自分の意思で主体的に行動する存在はエージェント(agent) とよばれる．エージェントは代理人と訳されて誰かの意思を代行する人の意味にも使われるが，シミュレーションでは自分で意思決定をする集団の構成メンバーをさす．エージェントは個人とは限らない．全体としてまとまった意思を示す会社や国家などの組織がエージェントと扱われることもある．

エージェントはゲーム理論のプレイヤーに相当する概念である．ゲーム理論はプレイヤーの相互作用に内在する構造の抽出に主な興味があり，解析結果はどちらかといえば定性的である．それに対して，エージェントの概念に基づくシミュレーションは，比較的単純な相互作用が多数のエージェントに働くことで生ずる現象を定量的に描こうとする．

エージェントの集団は「エージェント基盤モデル（agent-based model）」や「エージェント集団系（multi-agent system）」として共通の解析方法で扱われる．エージェント基盤モデルは，どちらかといえば単純な法則に従う人間集団を対象にするとされ，理学研究者がよく用いる概念である．エージェント集団系のほうは，知的なエージェントの集団を対象にするとされ，工学研究者や技術者に好まれる概念である．この二つの扱いは実質的にはあまり明確な差がみられない．

エージェントの集団を図1.3で模式的に表現してみよう．エージェントはある環境におかれ，環境とも他のエージェントとも相互作用をする．相互作用はエージェントが「意思」を働かせることで発生し，その結果として環境や他のエージェントから「作用」を受ける．意思と作用が交互に働くことでエージェントと環境は時間とともに状態が変化し，その展開をシミュレーションが追跡するわけである．

具体例をあげよう．まず環境を国家，エージェントを国民と考えてみる．エージェントの意思は選挙での政権担当者に対する投票行動として表れる．投票の結果は各種の政策として環境からエージェントに返され，その作用が次の投票行動に影響する．このようにして国家も国民も変化していく．

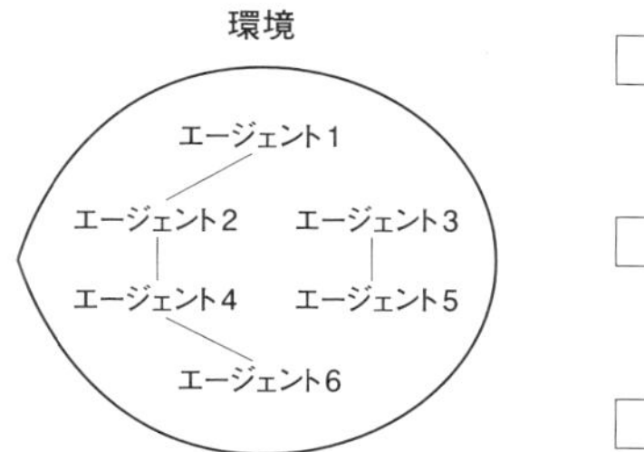

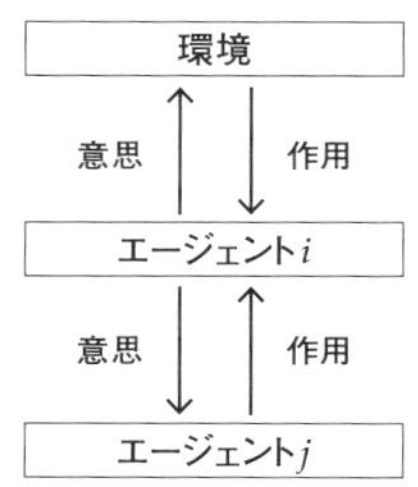

図1.3 人間集団の行動を記述するシミュレーションの基礎概念．独自に意思決定をするエージェントがある環境におかれている（左）．エージェント間には特定なつながりのネットワークができることもある．エージェントは環境や他のエージェントに「意思」を働かせ，その結果として「作用」を受ける（右）．意思と作用の繰返しでエージェントは環境とともに状態を変化させる．

次に道路を歩く歩行者の集団を考える．この場合には歩行者がエージェントであり，歩く方向や速度がエージェントの意思を表す．歩行範囲を限定する道路が環境である．歩行は道路からはみでないように環境から制約を受け，混雑してくると他の歩行者に近づきすぎないような圧力が働く．これらが作用であり，意思と作用の結果として歩行者の移動が進行する（第8章参照）．

一般にエージェント間の関係は一様ではない．最初の例では，一緒に政治活動をする人々や主張を直接訴える人々との間には強いつながりができるが，それ以外の人々とは関係が希薄である．2番目の例では，空間的に近接する歩行者の間には強い相互作用が働くが，距離が離れると相互作用は弱まる．

エージェント間のつながりはネットワークとして明確に認識されることもある．たとえば，集団内で同じ趣味をもつ二人が仲間をつくるとする．そのことが周囲に伝わって同じ趣味をもつ仲間が次々に集まると，集団内にネットワークが形成される．この例では仲間に入るかどうかを表明することがエージェントの意志であり，それを受けてグループに入れるかどうかが決められて作用として返される．ネットワークの形成はシミュレーションでもよく取り上げられる題材の一つである．

1.6 シミュレーションの方法

シミュレーションは様々な現象を描写し，原因の追求や結果の予測をする上で今や欠かせない手段になっており，結果をマスメディア，出版物，インターネットなどで眼にすることも多くなった．そのときに解析の条件や解析方法を自由に選んで自分でシミュレーションができれば，現象にさらに主体的にかかわって理解を深めることができる．

自分でシミュレーションをするといっても，解析に用いるプログラムを自分で作成する必要は必ずしもない．多くの人が興味をもつ問題については大抵誰かがすでにプログラムを開発しているので，それが利用できる．テーマを選んでインターネットで検索すると，どんなプログラムが存在するかを知ることができる．プログラムには無償で提供されるフリーソフトも少なくないから，それを自分のPCにダウンロードすれば，好みの条件でシミュレーションが実行できる．

しかし，人があまり関心をもたない問題を解析したり，新しい解析手法を試したりする場合には，自分でプログラムを開発する必要がある．人が作成したプログラムを修正したくなることもあるだろう．このような場合に備えて，プログラムをどう開発するかについて一般的な知識をもつことは無駄でないだろう．

プログラムを開発する一般的な手順を図1.4に示す．開発にあたっては，まず対象にする現象をモデル化し，問題をシミュレーションでどう扱うかを設計する．この作業には，現象が起こる環境や条件を決めること，現象の定量化に用いる数式などをそろえること，計算に必要なデータを準備すること，計算結果の出力や表示方法を明確にすることなどが含まれる．

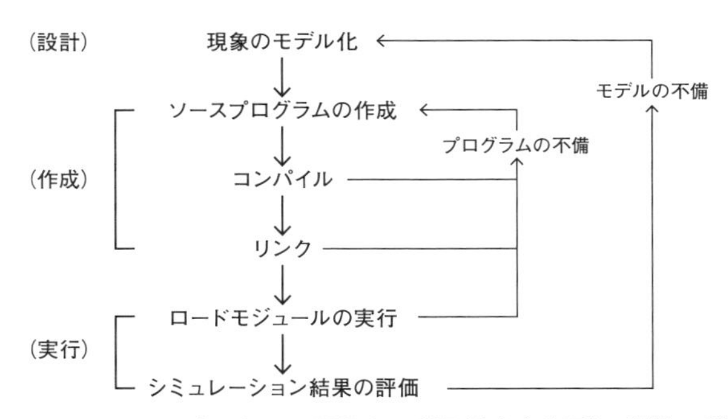

図1.4　シミュレーションのプログラムを開発する手順（[6] を修正）．開発の手順は，現象をモデル化してシミュレーションの進め方を「設計」する段階，モデル化した内容をプログラムとして「作成」する段階，シミュレーションを「実行」する段階に分けられる．開発は通常一息には進まず，何度も元に戻って練り直す作業を経て完成する．

次に，設計された内容がPCなどのコンピュータで処理できるように，シミュレーションの処理の流れをプログラムとして記述する．この作業はプログラミングとよばれる．コンピュータはプログラムに書かれた内容を忠実に実行するから，プログラムには計算方法ばかりでなく，データの入出力などを含めて処理の流れを完全に書き込まなければならない．

実際のプログラムは，FORTRAN，C，JAVA，Pythonなどのプログラム言語を用いて，人間が容易に理解できる文書の形で書かれる．この文書はソースプログラムとよばれ，プログラム言語ごとに異なる拡張子をもつファイルに保存される．文書の記述には英数字の他に等号，括弧，改行などの記号が使われ，日本語でコメントを添えることもできる．ファイルは文字や記号のみを含むテキストファイルで，文字の大きさやフォントなどの情報を含む通常の文書ファイルとは形式が異なる．

ソースプログラムはコンパイルとリンクの手続きを経て，コンピュータが実行可能なロードモジュール形式のファイルに変換される．コンパイルはプログラム言語で書かれた指示をコンピュータが直接処理できる単純な演算の組合せに構成し直す過程，リンクは入出力機能や標準的な関数などを含めた他のプログラムと結合する過程である．なお，ロードモジュールを作らずにソースプログラムを1段階ずつ読み込んでは実行するインタプリタ形式のプログラム言語もある．

ロードモジュールの完成でシミュレーションが実行できるようになるが，プログラムの開発は通常一息には進まない．コンパイルやリンクの過程でエラー・メッセージが出たら，それに対処してソースプログラムを修正してやり直す．ロードモジュールの実行時に不具合が出たら，やはりソースプログラムを修正する．シミュレーションを実行してみてモデルの不備に気づいたら，モデル化の段階にまで戻る．このような作業を粘り強く繰り返してプログラムが完成するのである．

プログラムの開発には，ソースプログラムの作成を補助するエディターや，コンパイルとリンクを実行するコンパイラーが必要である．大学の研究室などにはこれらの機能を含む開発環境が整備されていることが多いが，自分のPCでシミュレーションをする場合には，コンパイラーなどを入手して自分で開発環境を整える必要がある．

開発環境を整えるには，プログラム言語を選んでソフトウェアを購入してもよいが，無償のソフトウェアをインターネットからダウンロードすることもできる．無償のソフトウェアには個々のプログラム言語に対応するものの他に，Linuxやcygwinなどコンピュータの多様な操作を制御する多目的のソフトウェアもあり，そこにはC言語やFORTRANのコンパイラーが含まれている．

さて，シミュレーションには可能な限り多くの要素を考慮して予測の精度を上げようとするものと，現象の本質を取り出すことに主眼をおくものがある．本書はシミュレーションを通して災害や人間に関する理解を深めることを目的にするので，現象の理解に役立つ簡単なシミュレーションを題材に取り上げ，高い精度を目的とする相対的に大規模なシミュレーションについては概要を記述するに留める．

個々の現象に対応して各章で取り上げるシミュレーションの題材は，問題に切り込むきっかけになったり，問題を深く理解する助けになったりするものを選んである．題材を通して現象の原因や基本的な性質を理解することが狙いなので，結果などの記述には自分でシミュレーションをしなくても内容が十分に理解できるように配慮されている．

しかし，読者が自分でプログラムを作ることで学べることは少なくない．そこで，計算に使う数式や入力データなど，シミュレーションを手掛ける上で必要な情報は付録に詳しく解説する．意欲のある読者はこれらを活用してプログラムの開発に挑戦してほしい．

第2章 災害の基礎知識

災害を引き起こす現象の背後には地球や人間のどんな活動があるのだろうか．それは人間や社会にどう作用して災害をもたらすのだろうか．災害の可能性はどう予測され，災害の発生にはどう対処したらよいのだろうか．大規模な災害にはどんな事例があるのだろうか．これらの問題を中心に，災害について知識を整理する．

2.1 災害は自然と人間の激しい接触

災害は人間の生活環境を破壊して平穏な日常生活をかき乱す出来事である．環境を破壊するのが，強風，集中豪雨，地震，噴火などの自然現象であるときに，災害は自然災害とよばれる．環境破壊の原因には，火災や人工的な爆発など，人間が不注意にあるいは故意に起こす出来事もあり，それを人的な災害とよぶことにしよう．

実際の災害は多様である．豪雨，地震，噴火のように突発的に襲ってくる災害があり，干ばつ（旱魃）や冷害のように時間をかけて人々の生活をじわじわとしめつける災害もある．突発的な災害でも，噴火で生じた火山灰が農地を覆って飢饉を招く場合のように，影響が長く尾を引くことがある．また，地震が津波を誘発する場合のように，複数の災害が連鎖することがある．

人間や社会にとって災害は脅威だから，適切な対処をして身を守るために災害について知識を得る必要がある．災害にはこの視点から興味がもたれることが多いが，人間や社会と災害のかかわりはもっと広くとらえることもできる．災害の原因となる自然現象は地球の営みの一部である．短期的には環境を破壊する活動であっても，長い目で見ると環境を保持し進化させる過程である場合も少なくない．

たとえば，大地は噴火で生み出された溶岩などの噴出物で再生される．噴火が終わると，間もなく噴出物に覆われた大地に草木が生え，生物の活動が始まる．噴火は大地に滋養分を供給して豊かな土壌を生み出すのである．人類はそれを基盤に農業を起こして文明を開花させた．もっと長い地球の活動をみると，マグマは噴火を起こしながらマントルから分離して，人類が居住する陸地をつくってきた．

人間や社会にとっても災害が進歩のきっかけになることもある．たとえば，災害で都市が壊滅的な被害を受けることは，確かに人間や社会に大きな打撃になるが，一方で古く固定化した都市を見直して，時代に合うように再構築する機会にもなる．そう理解すれば，災害も社会や文明の進歩に一役かっている．

人間は自然と多くの接点をもつが，接点の中でも災害は自然と人間が極限状態で激しくぶつかりあう出来事である．災害を通して接触する自然と人間の関係を一般化して図2.1に描く．この図にそって災害と人間の関係を概観してみよう．ただし，各ステージの詳細や時間スケールは災害ごとに異なる．

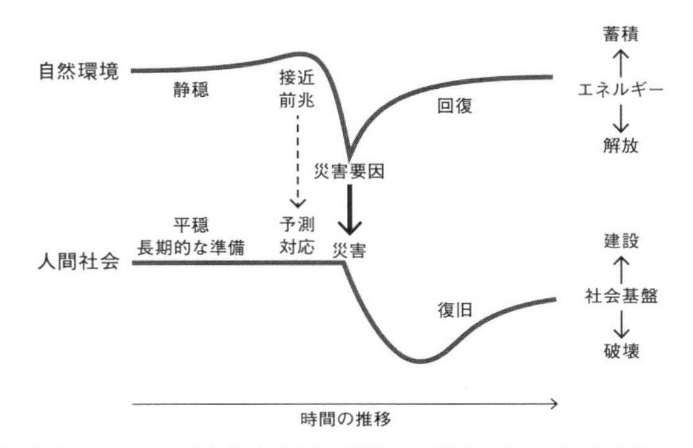

図2.1 災害を通して接触する自然と人間の関係．自然はエネルギーを蓄積してから，急速に解放に転じて災害の原因となる各種の災害要因を引き起こす．エネルギーが解放される前に現象の発生が予見できれば，災害への対応がやりやすくなる．災害要因の発生で人間や社会は何らかの破壊を受けて災害に直面する．その後，自然はエネルギーの蓄積に，人間や社会は災害からの復興に向かう．

災害の発生前は，自然はその発生に向けて着実に準備を進めている．それを図では災害のエネルギーが高まる過程と表現する．この段階では，人間や社会の側は準備の進行を知らずに自然が静穏な状態にあると認識することが多い．しかし，過去の災害事例などから，これから起こりうる災害の可能性については知識を得ているので，それに基づいて長中期的な対処を進めることができる．

災害の発生が近づくと，自然はそれを知らせる情報を発信し始める．熱帯低気圧のように移動して襲ってくる現象は，その接近が知らされる．地震や噴火は前兆現象とよばれる異常現象で災害の可能性を予告する．人間や社会にとって重要なのは，この情報を正しく受けとめて災害の発生を予測し，避難行動などの対応に活かすことである．

暴風雨，地震，噴火などの自然現象が実際に始まり，自然が蓄積したエネルギーを一挙に解放すると，洪水，地面の揺れ，噴出物の飛来などの災害要因が出現し，人間の死傷などの災害が発生する．このような自然と社会の接触は，突発的な災害では数時間～数日で終わるが，干ばつなどの長期にわたる災害では数か月かそれ以上の期間をかけて進行する．実際にどの程度の被害が生じるかは，自然現象の規模ばかりでなく，地域の特徴や社会の脆弱性に強く依存する．

災害が過ぎ去ると，自然は回復に転じてエネルギーの蓄積をまた始める．人間や社会は復旧に向けた活動を始めるが，その内容は災害の規模，影響範囲，実態などによって異なり，被災者の救護などの緊急を要するものから，都市や経済の復興などの長期にわたるものまで様々である．災害が大規模な場合には，完全な復旧までに数年以上の年月がかかることも少なくない．

災害の最も深刻な被害は人間が殺傷されることであるが，建造物や居住設備，交通機関や公共施設，商品を販売する店舗，農地や工場，各種の事業を展開する施設などの損壊も人間の生活基盤を大きく揺るがす．高度に情報化が進んだ現代社会では，通信網やデータが破壊されることによる損害が深刻さを増している．

図2.2は最近10年余りの間に世界で発生した災害による死者（行方不明者を含む）の総数である．死者数が年によって大きく変動するのは，地震や暴風雨などによる大災害が起きて，圧倒的に大きな被害を生じたためである．被害は大規模災害に集中するのである．なお，地震の被害には地震で誘発される津波によるものも含まれており，2011年の地震の被害には東日本大震災による死者も加算されている．ただし，この図で5万人以上の死者を出した三つの地震は内陸地震であり，津波を伴っていない．

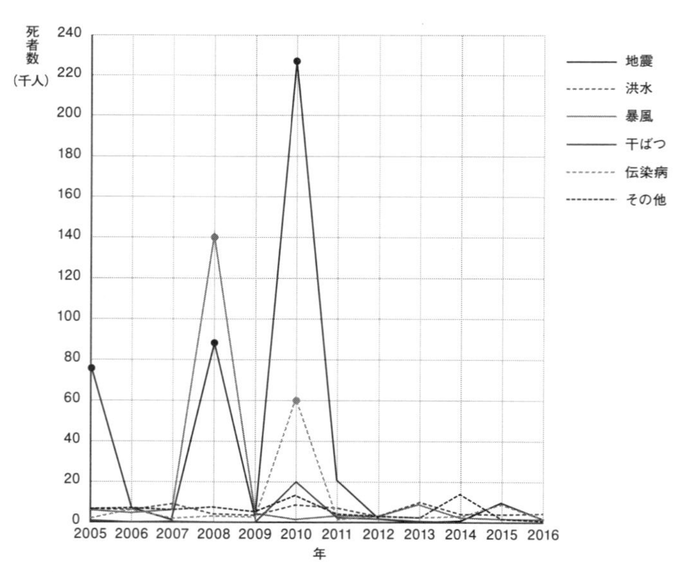

図2.2　災害による世界の死者数（行方不明者を含む）の推移 [7]．死者数が年ごとに大きく変動するのは，大規模な災害が発生した年に際立って多くの死者が出るためである．地震の被害には地震で誘発された津波によるものも加わるが，2005年，2008年，2010年に数万人以上の死者を出した地震はいずれも内陸地震で津波を伴わなかった．

大規模災害は多くが水と関係する．数十万人以上の死者を出す大災害を今までに何度も起こしたのは干ばつに続く飢饉である．突発的に襲ってくる災害では洪水の被害が深刻で，中でも多数の犠牲者が出るのは高波や津波によって居住地に海水が侵入する場合である．大災害を防ぐには，水の不足や過剰な供給への許容度を大きくする対策が極めて重要なのである．

大規模な災害は都市を壊滅させ，時には歴史の展開や文明の進歩に影響する．ベスビオ山の山麓にあるポンペイ市やプレー火山の山麓にあるサンピエール市は噴火による火砕流で壊滅した．また，同じ年（1783年）に発生した浅間山とラキ火山（アイスランド）の噴火は成層圏に硫酸の微粒子（エアロゾル）を多量に撒き散らして日射を妨げ，飢饉をもたらしてフランス革命の遠因になったともいわれる．

2.2 自然災害をもたらす地球の営み

自然災害は，大気内に生ずる強風や豪雨，地球内部の活動に伴う地震や噴火，海面を伝わる津波などによってもたらされる[8]．この内で，強風や豪雨は大気の運動に伴い，その運動は緯度方向や陸と海の間の温度差に駆動される対流である．地震や噴火はマントル（岩石でできた地球内部の主要部）の対流に伴い，それを駆動するのは地表と地球内部の温度差である．津波は地震や噴火で生じた海面の擾乱が重力の効果で横に広がる現象である．

さらにつきつめると，大気の運動のエネルギー源は太陽から常時入射する電磁波（主に光，太陽光）である．また，マントルの対流を駆動するエネルギーは，地球の誕生時に起きたマントルと核の重力分離と，半減期の長い放射性元素の原子核分裂で発生した．津波を起こすのは地震や噴火で解放されるエネルギーの一部である．

マントルと大気の対流はエネルギー源が独立なので，地震や噴火は気象災害の原因となる熱帯低気圧などと原理的には無関係である．ただし，大気の状態は噴火に影響を受ける．大規模な噴火で大気に放出される硫黄は，水に溶けて微小な液滴（エアロゾル）となり，成層圏を漂って地上に降り注ぐ日射を妨げる．また，噴火による二酸化炭素の放出は，大気の温室効果を高めて地球の温暖化を助長する.

大気の運動を複雑にする原因の一つは，地球の自転に伴うコリオリ力である. コリオリ力の効果で大気の運動は熱だけに駆動される対流とは性質がかなり異なる. コリオリ力が緯度とともに大きくなることを反映して，大気の対流は熱帯, 温帯, 極域に分断される. 温帯では, 地表付近で高気圧や低気圧が生成, 移動, 消滅を繰り返し, 上空で偏西風が蛇行する (第3章).

地表付近では，大気は気圧の低い方に流れるが，その運動方向はコリオリ力で強く曲げられる. 高気圧から吹き出しまた低気圧に向かう大気の流れは，コリオリ力で強く曲げられて顕著に回転する. 北半球では，大気は低気圧のまわりでは上空からみると左回りに, 高気圧のまわりでは右まわりに渦を巻く. 渦の向きは南半球では逆になる. 突発的な気象災害の多くは低気圧と関係する.

地震や噴火はマントルの対流に伴う現象である. 岩石は高温の地球内部ではいくらか流動できるようになり，表面と深部の間にある数千度の温度差のためにゆっくりと対流する. しかし，温度の低い地表付近では岩石が流動性を失い，地表は十数枚のプレートに分離する. プレートの内部は剛体のようにほとんど変形せず, 運動はプレートの境界付近にしわ寄せされる.

プレート境界では, 異なる速度をもつプレートが接触し，激しくこすれ合ったり, 引き割かれたりする. このときにプレート内部のあちこちで破壊が起きて亀裂が生ずる. 破壊の衝撃が亀裂から弾性波（地震波）として伝わって地面を揺らすのが地震である. 破壊の発生源（地震の震源）は，世界地図にプロットするとプレート境界をなぞるように分布する.

プレート境界は，暖かい物質がマントル深部から湧き上がって古いプレートを両側に押しのける海嶺，海側のプレートがマントルに沈み込む海溝，両側のプレートが横すべりするトランスフォーム断層に分けられる. プレート運動とは独立に，マントル物質が深部から湧き上がってくる場所が地表に数十点あり, ホットスポットとよばれる.

噴火の原因は地表に上昇してくるマグマである. マグマは, マントルの深さ数十～百数十kmの範囲で温度が高かったり，融点が低かったりする場所でつくられる. マントルが高温になる場所は，深部から暖かい物質が沸き上がってくる海嶺やホットスポットである. 融点が通常より低くなるのは，水などの揮発性成分が地表から持ち込まれる沈み込み帯である.

災害の原因となる現象の規模は，現象を生み出すエネルギーと関係する．地震の規模を表すマグニチュードMは，地震波や地殻の変形などとして地震で解放されるエネルギーの総量Eと次の関係にある．

$$M = \frac{1}{1.5} \log_{10} \frac{E}{E_0} \tag{2.1}$$

ここで，E_0はMが0のときのエネルギーで10^5 J（ジュール）程度の値である．地震のエネルギーはマグニチュードが1上がると$10^{1.5}$倍（約32倍）に，2上がると1000倍になる．なお，マグニチュードは連続的に変わりうる量で，原理的には上限も下限もなく，負の数にもなりうる．

噴火の規模は噴出物の総量と噴煙の高さを考慮して階層化された火山爆発指数で表現されることが多い（図2.3）．ただし，火山爆発指数は地質学的に調査された巨大噴火を基礎に定められたので，通常問題にする噴火の規模を表現するには区分がやや粗すぎる．噴火で解放されるエネルギーは，主要な部分が高温のマグマが地表にもち出す熱エネルギーなので，噴出物の総量にほぼ比例する．

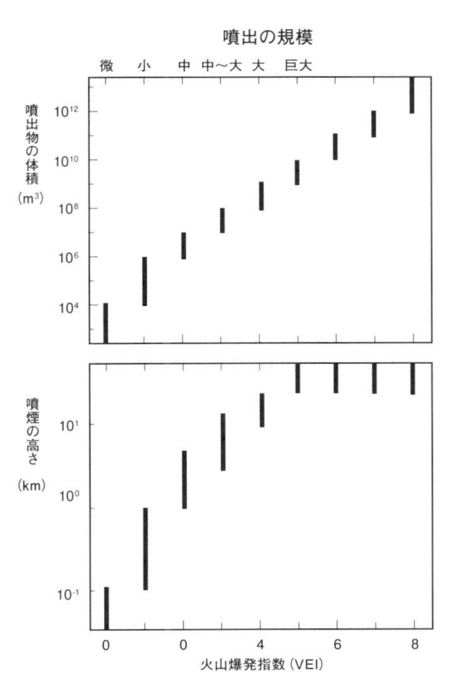

図2.3 火山爆発指数（VEI）[9]．噴出物の総量（体積）と噴煙の高さを基準にして，噴火の規模を0～8の9段階に分ける．

津波を起こすのは，発生源で海面を上下させる重力エネルギーである．気象災害を起こす低気圧の規模は，中心気圧の降下量と暴風雨圏の広さなどで表現されることが多いが，現象を生成し維持する大気のエネルギーを見積もることも可能であろう．これらのエネルギーを（2.1）式に代入すれば，地震，噴火，津波，低気圧などの規模がマグニチュードで共通に表現できるはずである．

2.3 災害の原因となる各種の現象

この節では，災害の原因となる現象を個別に取り上げて現象の性質や発生過程をまとめ，以下の各章で進める議論に基礎や背景となる知識を提供する．

気象現象

気象現象にとって，大気の運動を支配する温度差やコリオリ力とならんで重要なのは，大気に含まれる水蒸気の凝結である．水蒸気の凝結は水滴や氷滴を生みだして上空に雲をつくり，地表に降雨や降雪をもたらす．また，潜熱を発生して大気を加熱する．大気は上昇すると断熱膨張で温度が下がるので，水蒸気は通常大気の上昇部で凝結を起こす．

低気圧は地表で観測される大気の圧力が周りより低い場所である．そこには気圧差で大気が周囲から流れ込んできて上昇流をつくる (図2.4)．上昇流は寒気と暖気が接する前線 (寒冷前線，温暖前線など) の付近にもできるので，低気圧や前線に覆われると天気が悪くなる．逆に高気圧に覆われると，大気は下降して乾燥するので天気はよくなる．

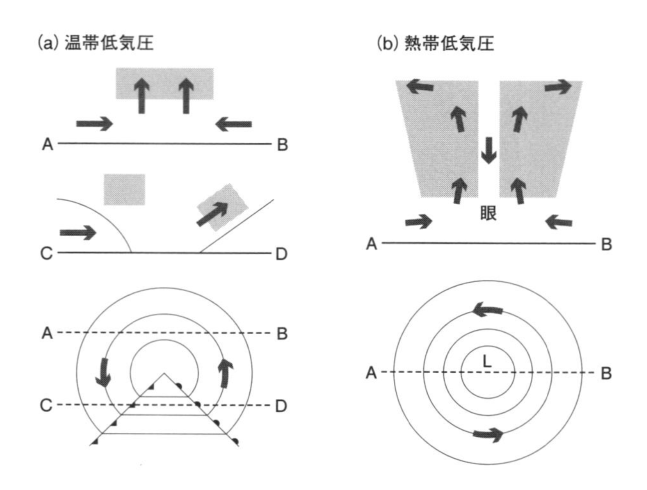

図2.4　温帯低気圧 (a) と熱帯低気圧 (b) の構造 [6]．ともにコリオリ力の効果で渦 (渦の向きは北半球のもの) を巻きながら上昇流を生み出し，豪雨や強風の原因となる．温帯低気圧は通常寒冷前線と温暖前線を伴う．熱帯低気圧は周囲から流れ込む大気が中心部に入れず，中心部には弱い下降流をもつ眼ができる．

発達して中心気圧を低めた低気圧は激しい豪雨や強風を伴う．低気圧の中心に向かう大気の流れはコリオリ力に曲げられて強く渦を巻いて強風を生み，激しく上昇する過程で大量の水滴を生み出すのである．低気圧よりさらに強い風を局地的にもたらす現象に竜巻がある．竜巻は上空の積乱雲の活動に吸引される小規模の上昇流で，大気が上昇部に集まる過程で回転が強められ，強風を伴う強い渦を巻く．

低気圧は温帯低気圧と熱帯低気圧に分けられる（図2.4）．熱帯低気圧は赤道付近の海上で生まれ，温帯に到達するまでに高温の海から多量の水蒸気の供給を受けて急速に発達する．著しく発達した熱帯低気圧は東アジアで台風，大西洋周辺でハリケーン，インド洋周辺でサイクロンとよばれて，大規模な気象災害の主要な原因になってきた．温帯低気圧も熱帯低気圧なみに発達することがある．

干ばつや冷害などの長期的な気象災害は，大気の異常な状態が長く続くときに発生する．干ばつは規模の大きな高気圧に長期間覆われるときに，冷害は日射が長期間さえぎられるときに起こる．冷害の原因には大規模な火山噴火で成層圏にエアロゾルが漂うことや，濃霧や冷たい風が地表付近を長期間漂うことなどがあげられる．

地震

地震の発生源では断層とよばれる亀裂ができて，亀裂面を境に急激なすべりが生じている．地震の規模は断層の大きさと平均的なすべり量でほぼ決まり，この二つの量は地震の規模とともに大きくなる．近代観測で記録された世界最大の地震はマグニチュードが9.5のチリ地震（1960年）であるが，この規模の地震では面積が10^5km^{2}程度の断層で50m程度のすべりが生じている．

プレート境界の内で，両側のプレートが離れていく海嶺ではプレートを引き裂く力が，またプレートが水平に横すべりするトランスフォーム断層では横すべりへの抵抗が地震を生み出す．これらの地震は一般に規模が小さく，震源が陸から離れていることもあって，災害の原因にはなりにくい．しかし，トランスフォーム断層が陸上に顔を出す北米西部とニュージーランドは例外で，マグニチュードが7クラスの地震で都市が壊滅的な被害を受けたことがある．

海溝では海側のプレートが地球内部に沈み込む．このような場所は沈み込み帯とよばれ，日本はまさに沈み込み帯にある（図2.5）．沈み込み帯は地震や噴火が頻繁に起こる場所である．

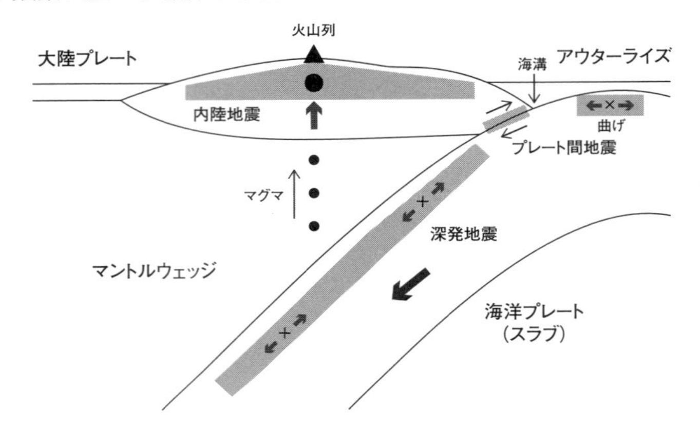

図2.5　プレートの沈み込みに伴う地震と火山の活動［8］．プレート境界の浅い部分で発生するプレート間地震はしばしば巨大地震になり，津波を誘発して大災害の原因となる．海底が盛り上がるアウターライズではプレートの曲げによる地震が，また沈み込んだプレート内部では深発地震が発生する．陸では内陸地震が都市部などでしばしば大きな災害を引き起こす．沈み込みに伴う火山の活動は，プレートが深さ100 km前後の深さに達した真上で起こる．

沈み込み帯では，プレート間の速度差の解消に合わせて，海溝の陸側で時にマグニチュードが9を超える巨大なプレート間地震が百～数百年の間隔で起き，強い揺れと津波が大災害をもたらしてきた．プレートの曲げで海底が高まるアウターライズでも地震が津波を伴って発生する．沈み込んだプレート内部で起こる深発地震は重力や周囲から働く摩擦力が原因と考えられるが，災害は滅多に起こさない．

沈み込みのために海溝の陸側にも圧縮力などが加わり，そのために内陸地震が発生する．内陸地震はマグニチュードが7前後に留まることが多いが，震源が市街地に近いと大災害を起こす．内陸地震は既存の活断層で発生すると理解されているが，活断層の分布は完全に把握されきれていない．発生間隔が通常1000年以上なので，発生が近づいても認識されにくい．

噴火

地球上で噴火がみられるのは，マントル物質が上昇して新しいプレートが生まれる海嶺，プレート運動と独立に深部からマントル物質が湧き上がってくるホットスポット，および沈み込み帯の大陸側である．海嶺とホットスポットでは，上昇してきた高温のマントル物質の中でマグマが生じる．沈み込み帯ではプレートが100km前後の深さに達した場所の真上に火山ができる（図2.5）．そこでは，沈み込みで運ばれた水などの揮発性成分が岩石の融点を下げるためにマグマが生ずると推測される．

マントルの岩石は複数の鉱物の集まりなので，融点には幅がある．マグマは温度が融点の最低値（ソリダス）を多少上回った条件でつくられ，形成されるマグマの体積は岩石の30%程度かそれ以下である．マグマの化学組成は形成時の割合や上昇時の冷却によって変化する．海嶺やホットスポットでは玄武岩質マグマが噴出し，沈み込み帯ではケイ素の割合がもっと多い安山岩質，デイサイト質，流紋岩質のマグマが加わる．玄武岩質マグマは流動性が高く，安山岩質から流紋岩質になると流動性が低くなる

マグマは岩石より密度が小さいので，形成されると浮力を受けて上昇する．ところが，マグマが数kmの深さに達すると，周囲の岩石が空隙をつくって密度をマグマより下げる．マグマは上昇を阻まれてマグマだまりに蓄積される．マグマが再び上昇に転ずるのは，マグマの蓄積が進んで圧力が高まったときである．噴火が始まると，マグマは発泡して過剰に噴出する．次の噴火にはまたマグマの蓄積が必要になる．

マグマには水蒸気などの揮発性成分が1%前後の割合で溶解している．マグマが上昇して圧力が下がると，揮発性成分は発泡して気体になる．気体ははじめ気泡としてマグマの内部に留まるが，膨張がさらに進むとマグマを破砕して液体の破片が気体に浮く噴霧流の状態にする．マグマは破砕されて爆発的に噴出したり，破砕されずに溶岩として穏やかに流出したりする．爆発的な噴火は流動性の低いマグマで，溶岩の流出は流動性の高いマグマで起こりやすい．

溶岩流は森林や建物を焼き払うが，多様な災害は爆発的な噴火で生じる．強い爆発は爆風や衝撃波を発して森林や建物をなぎ倒す．破砕されたマグマの破片で大きいものは噴石として飛んで時には人を直撃する．小さい破片がつくる噴霧流は，空気より軽いときは噴煙として上昇して周囲に火山灰を堆積する．大気より重いと火砕流として流れ下り，襲われた人々を逃げる暇なく焼き殺す．

噴火にはマグマを噴出するマグマ噴火の他に，水蒸気が古い岩石とともに爆

発的に噴出する水蒸気噴火がある．水蒸気噴火は一般に小規模だが，突然発生して死傷者を出すことがある．

津波

津波は海面の上下変動が重力の作用で水平に伝わる現象である．池に小石を投げ込んだときに水面に波紋が広がるが，物理的にはそれと同じ現象である．津波が海岸線に到達して大量の海水が陸に侵入し，居住地をのみこんで大災害を起こした事例は少なくない．

津波は様々な原因で発生するが，頻度が高いのは，沈み込み帯のプレート間地震など，陸の近くの海底下で起こる浅い地震である．このような地震の断層すべりは海底に隆起や沈降を生む．その範囲は海の深さに比べてかなり大きいので，海面は海底の変動とほぼ平行に上下し，重力がそれをならそうとして津波を生み出すのである．

津波は噴火のときにも発生する．海底噴火で大量の噴出物が流出してカルデラが形成されたときに，海底の落ち込みが海面に及んで津波を生み，周辺の陸地に大災害を起こしたことがある．また，火山の山体が崩壊して大量の土砂が海に流れ込んだときにも津波による大災害が起きたことがある．類似な現象として，地震による地すべりが津波を誘発することもある．

人間の行動

人間の行動が原因になる人的な災害は，不注意や過失によって図らずも起こる災害（事故による災害）と，危害を加える目的で意図的に起こす災害（犯罪による災害）に分けられる．不注意や過失による災害には，火の不始末による火災，爆発物の処理の誤りによる爆発などがある．意図的に起こされる災害は放火からテロや戦争まで多様である．

現代社会で発生する災害には文明が開発した有害物質が関係するものがある．有害物質にはサリンやVXガスなどの猛毒の化学物質や，原子力発電所などで使われる放射性物質がある．日本では1995年にオウム真理教が起こした地下鉄サリン事件で多くの人が殺傷された．また，2011年の東北地方太平洋地震に端を発した福島第一原子力発電所の事故は，直接的な死傷者こそ出さなかったものの，汚染物質の影響や処理で今も社会に暗い影を落としている．

2.4 自然災害の予測

突発的な自然災害の発生を事前にどの程度予測できるかは，原因となる現象によって大きく異なる．気象災害の発生は，日常的な天気予報の一環としてほぼ確実に予測されている．地震は過去の履歴などに基づいて発生の確率が評価されるものの，発生の時期や規模がかなり正確に予測できるのは例外的な場合である．噴火は前兆現象を見つけて発生の可能性が察知できることが多いが，正確な時期や規模の予測は難しい．津波は原因となる地震や噴火が適切に検出された後は予測がかなり正確にできる．

天気予報は昔からかなり正確になされてきた．温帯では上空に強い西風（偏西風）が卓越するために，大気の状態は西から東に移っていく．そのために，これから起こることは現在までに西側で起きたことから大体推測できる．また，天気は地表で観測される気圧の配置を強く反映するので，その変化を追跡することで予測の定量化もやりやすい．

20世紀の後半には人工衛星から地表や上空が観察され，気球やレーダーを用いた上空の観測と合わせて，大気の状態はかなり正確に把握できるようになった．また，コンピュータの発達で大気の運動が短時間に計算され，各種の観測データと組み合わせて気象条件の変化が常時定量的に計算されるようになった．これらの進歩で気象災害の予測は正確さを増したのである．

地震や噴火の発生予測（予知）が難しいのは，地球内部の状態が詳細には把握できないためである．波長が数ミクロンの光でくっきりと見える地上の世界と比べると，波長が数百mの弾性波（地震波）や電磁波で見る地下の世界は，地震を起こす断層も噴火の原因となるマグマも輪郭がぼんやりとしか確認できない．この認識力の弱さが精度の高い現象の理解や予測を阻むのである．

地震予知や噴火予知が実際に頼りにするのは，発生を事前に知らせる予兆（前兆現象）である[10]．予知のための研究や技術開発は，前兆現象を確実に捉えてその後に続く地震や噴火を予測する目標を中心にかかげて，今まで進められてきた．しかし，観測で得られる異常が前兆現象であるかどうかを見分ける技術が確立できず，予測能力は足踏みをしている．

実は，地震は小さなものまで含めると始終起きている．地震の頻度はマグニチュードが1下がるとほぼ10倍になる．災害を起こす地震はマグニチュードが6前後かそれ以上の地震なので，予知には多数の地震の中から大きな地震の発生を事前に見抜くことが求められる．しかし，多数の地震の系列で大きな地震がどのように起こるのか，それが判然としないのである．

たとえば，大きな地震（本震）の前兆現象としてよく検出されるのは，ほとんど同じ場所，同じ様式で直前に発生する小さな地震（前震）である．本震の前に前震が発生する例は少なくないが，前震はそれ以外の地震と同じ顔をしているので，前震だと気づくのは大抵本震が起きた後である．前震が本震の予測に使えるのは，他の前兆現象が併せて検出されるなどの特別な場合に限られるのである．

地震の前兆現象には地殻の歪み，地下水の温度や化学成分などの異常も知られている．地下や上空の電気抵抗に異常が表れるという指摘もある．しかし，いずれも地震の前にいつも確実に観測されるわけではなく，どういう条件で出現するのかも明確でない．前兆現象が本震とどんな関係があり，本震になぜ前駆するのかがもっとはっきりしないと，地震予知は前には進めない．

噴火の前兆現象のほうは，マグマの蓄積や上昇と関係づけられてもう少し体系化されている．たとえば，マグマが蓄積されるとその圧力で周囲が膨張する．マグマが上昇すると地殻が歪みを受けて微小な地震が発生する．マグマが地表に接近して水蒸気などが放出されると，火山性微動とよばれる振動が起き，火口から放出される噴気の温度や化学成分が変化する．また，温度上昇のために岩石の磁化が失われる．しかし，これらの前兆現象の発生条件には曖昧さがあり，それが予測の確実さを損なう．

津波は地震や噴火が発生した後に予測が可能になる．遠洋で津波が海面を伝わる速度は海の深さだけで決まるので，津波発生源で海面がどう上下するかが把握されれば，津波がいつどんな形で陸地に到達するかも計算できる．しかし，津波発生源は陸から離れているために，海面に生じた変動を正確に把握するのが難しく，それが予測に大きな誤差を生む．

災害を予測する上でシミュレーションは有用な手段である．シミュレーションには，現象をできるだけ正確に再現して予測を助ける役割に加えて，現象の本質を取り出して理解を助ける役割がある．特に，シミュレーションは架空の条件でも実行でき，実際の現象で見えない内部の構造や状態をあらわにできる点が強みである．これらの点に着目すれば，防災教育にも活用できる．

シミュレーションはすでに天気予報の中心的な手段になっている．地球内部の地震波速度や海洋の深さの分布を用いて，地震波や津波の伝播を計算する技術も広く使われている．噴火が生み出す爆風，噴煙，火砕流などの広がりを計算する技術も開発が進められている．

しかし，地震や噴火の発生過程や発生条件については，現象の理解がまだ不十分であり，シミュレーションは予測に使える段階にはない．シミュレーションで現象の気づかなかった側面に光が当てられ，それが予測に新たな展望を開くことを期待したい．

2.5　災害要因と防災

人間の死傷，生活環境の破壊，財産の損失などの災害は，豪雨，地震，噴火などが元々の原因となるが，原因と災害の間に「災害要因」を入れると，関係がすっきりする(図2.6)．ここでは，災害要因を災害の直接的な原因となる洪水，建物の破壊，火災などをさす語として用いる．

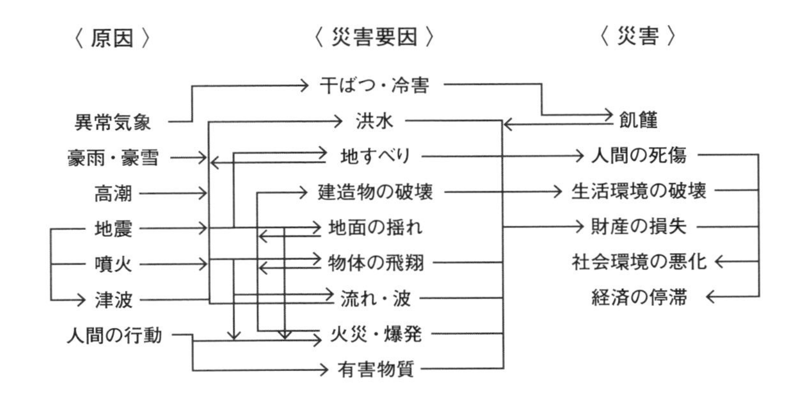

図2.6　災害の発生経路．災害の原因となる自然現象は様々な災害要因を生み出し，災害要因は様々な災害ももたらす．異なる自然現象が共通の災害要因を引き起こし，異なる災害要因が同じ災害をもたらすことに注意せよ．

災害要因を介在した図式を使って原因となる自然現象からどのように災害が導かれるのか，地震を例にたどってみよう．地震は地面の揺れで建造物を倒壊させるばかりでなく，可燃物を火に落下させて火災の原因となる．さらに地すべりや津波で洪水を誘発して被災地域を広げる．これらの災害要因を通して，地震は多様な災害を引き起こすのである．

災害要因の概念が有用なのは，異なる原因から同じ災害要因が，また異なる災害要因から同じ災害が生ずる点である．いくつか例をあげよう．

洪水は深刻な災害を起こす災害要因の一つである．多くの場合，豪雨や長期間続く降雨によって河川が増水して氾濫することが原因になるが，地震で地すべりが生じたり，噴火の噴出物が流下したりして河川が上流でせき止められるときにも発生する．洪水が特に大規模になるのは，津波や高波で海水が陸に侵入するときである．

建造物の破壊は地震の強い揺れでよく起こる．また，豪雪時にたくさんの雪が積もったり，噴火で多量の火山灰が堆積したりしたときにも，その荷重で建造物が押しつぶされることがある．さらに，建造物は火災によって焼失し，洪水によって浸水を受けたり押し流されたりする．

火災は人間の火の不始末や放火で発生するが，自然現象が原因になることもある．たとえば，森林が樹木の摩擦で自然発火することがある．地震が火を使う時間に起きて可燃物が火の上に落下したり，火山から噴出した高熱の噴石が建物に接触したりすることも火災の原因になる．いずれの場合にも，火災は空気が乾燥して風が強いときに急速に拡大する（第7章）．

爆発の原因にも噴火に伴う水蒸気やマグマの爆発があり，水素やガソリンが引火して起こる人的な爆発がある．ダイナマイトなどの爆発物がテロなどで意図的に使われることもある．強い爆発は衝撃波を発生して森林や家屋をなぎ倒す（第7章）．

同様に，同じ災害が様々な災害要因で引き起こされる．人間の死傷を例として取り上げれば，死傷が直接的に起こるのは，噴火で噴石や火砕流が生じて人間を直撃するときや，地すべりや雪崩に人間が巻き込まれるときである．多数の死傷者を出す災害要因は洪水や火災である．建造物は人間を保護する役割をもつが，災害時には逃げ遅れた人々を巻き添えにして犠牲にすることもある．

さて，災害に対処する方法について考えよう．この場合にも災害要因の概念は対処を整理し効率化する上で有用である．災害要因が同じなら，原因となる現象が違っても共通の対処が可能になる．また，ひとつの原因にも様々な災害要因に対処する必要がある．図2.6はこれらの事情を明示する．

災害への対処には長期的，中期的，直前に分けられる事前の対処と，発生後の対処がある．事前の対処の分類は時間の長さとは必ずしも対応しない．長期的と中期的な対処は原因となる個々の現象を具体的に想定するかどうかで分け，中期的と直前の対処は災害の発生時期を強く意識するかどうかで分ける．

長期的な対処は，一言でいえば地域を災害に強くすることである．たとえば，地震の揺れによる被害を減らすために建造物を堅固にし，火災を防ぐために不燃性の建材を使う．また，洪水を防ぐために河川の堤防をかさ上げし，津波や高波の被害を減らすために居住地を海岸付近から高台に移す．原子力発電所や危険物を扱う工場などを災害の可能性の低い場所に建設することも対処の一環である．人々が防災の知識や意識を高めて被災時の準備をすることもこの範疇に属する[11]．

中期的な対処の具体的な内容は各地域の状況によって異なる．たとえば，活動的な火山の周辺では噴火への対策が，海岸付近では津波や高潮への対策が取られる．災害の可能性は火口や海岸との位置関係などの立地条件に依存するので，警戒すべき災害要因や対処方法はハザードマップにまとめ，避難所や避難径路を整備しておくのが一般的な対策である．

ハザードマップを作成するための基礎情報は，過去に発生した災害の経緯や内容をたどることから得られる．しかし，過去の経験はすべての場合を尽くすわけでないので，それを補うために災害の原因や災害要因に関するシミュレーションが使われる．効率的な避難方法の検討に，人間の避難行動についてのシミュレーションが参考にされる場面も増えてくるだろう．

災害への直前の対処は，原因となる現象の接近が予測されたり開始が確認されたりした場合にとられる．対処の内容は，危険な場所への立ち入りを規制し，居住者の避難を指示することである．具体的な対処は，状況をよく見極めながら臨機応変に決行することが求められる．災害の性質や展開が事前に予測されていればやりやすいが，予測がなされずに不意打ちに合う可能性も想定する必要がある．

災害発生後に緊急に対処が求められるのは，建物や土砂に閉じ込められた被災者を救出することである．負傷者に医療措置を施し，被災者に食料や生活物資を供給することも急務である．避難が長期化する場合には，避難用の住宅を準備する必要もある．さらに長期的には，被災者の生活環境と収入源を確保し，経済活動を含む地域全体の機能を回復させることが課題になる．

通常の災害とは異なる対応が求められる災害に原子力発電所の事故がある．この場合には，放射能汚染に対する対処が重要になる．爆発などによって汚染物質が広域に拡散したときは除去に長い時間がかかり，炉心溶融などで生じた有害物質の処理は困難を極める．放射性廃棄物の最終的な処理方法が定まっていない状況も踏まえて，原子力発電の扱いには慎重な検討が求められる．

文明の発達によって防災対応の方法も進歩したが，技術力や豊かさの格差で先進国と開発途上国の間で対応に大きな差が生じている．特に，干ばつによる飢饉はほとんどが開発途上国で発生しており，水の管理が行き届いた先進国ではあまり発生の例をみない．

このような状況を踏まえて災害への国際的な取組みを進めるために，1999年に国連国際防災戦略事務局（UNISDR）が誕生し，これまでに日本で3回の国連世界防災会議が開かれた．津波や航空機の火山灰被害に国を越える監視体制が構築されるなど，個別の課題にも国際的な取組みが進んでいる．

2.6 大規模自然災害

災害の規模の評価は被害のどの部分に焦点を合わせるかによって異なるが，最も深刻な被害が人間の死傷であることから，死傷者数で表すことが多い．死者を数えるときには，行方不明者も死亡している可能性が高いことを考慮して，死者に加えるのが普通である．

災害による死者の数は，世界中の合計をとっても年ごとにかなり変動する（図2.2）．犠牲者が突出して多い年は大規模な災害が発生した年である．1900年以後に発生した災害で，死者が1万人を超えた大規模災害の事例を表2.1にまとめる．

表2.1 西暦1900年以後に発生した死者（行方不明者を含む）1万人以上の大規模自然災害（[9]，[12]，[13]，[14] などを編集）．M は地震のマグニチュード，VEI は噴火の火山爆発指数．

時期	災害要因	死者（万人）	場所
1900年	干ばつによる飢饉や病気	25～325	インド
1902年5月8日	噴火による火砕流	2.9	プレー火山
1905年4月4日	地震（M8.0）	2	インド北部
1907年10月21日	地震（M7.2）	1.5	タジギスタン
1908年12月28日	メッシーナ地震（M7.0）	11	イタリア南部
1915年1月13日	地震（M6.9）	3	イタリア中部
1920年12月16日	海原地震（M8.6）	24	中国
1921～22年	干ばつによる飢饉	25～500	ソ連
1923年9月1日	関東地震（M7.9）・津波	10	日本
1927年5月22日	古浪地震（M7.9）	3	中国甘粛省
1931年8月10日	地震（M7.9）	1	中国ウィグル自治区
1932～1934年	強制移住による飢饉	500～1000	ソ連
1934年1月15日	ピハール・ネパール地震（M8.3）	1	インド北部
1935年5月31日	地震（M7.5）	6	パキスタン，クエッタ
1936年	干ばつによる飢饉	500	中国
1939年1月25日	地震（M7.8）	2.8	チリ中部
1939年12月26日	エルジンジャン地震（M7.8）	3.3	トルコ
1941年	干ばつ	250	中国
1948年10月5日	地震（M7.3）	2	ソ連アシガバード
1949年7月10日	地震（M7.5）	1.2	ソ連タジギスタン
1960年2月29日	地震（M5.9）	1.3	モロッコ
1962年9月1日	地震（M6.9）	1.2	イラン北西部
1968年8月31日	地震（M7.3）	1.5	イラン北東部
1970年1月4日	通解海地震（M7.3）	1.6	中国雲南省
1970年5月31日	アンカシュ地震（M7.6）	6.7	ペルー
1970年11月12日	サイクロンによる高潮など	30～50	バングラディッシュ
1976年2月4日	グァテマラ地震（M7.5）	2.3	グァテマラ
1976年7月27日	唐山地震（M7.8）	24.3	中国河北省
1978年9月16日	地震（M7.7）	1.8	イラン
1985年9月19日	メキシコ地震（M8.1）	1	メキシコ
1985年11月13日	噴火（VEI3）による融雪泥流	2.1	ネバドレスルイス火山
1988年12月7日	地震（M6.7）	2.5	ソ連
1990年6月20日	地震（M7.6）	2.5	イラン

次頁につづく

時期	災害要因	死者（万人）	場所
1992年	干ばつ	数百万人	アフリカ南東部
1993年9月29日	地震（M6.2）	1	インド南部
1999年8月18日	コジャエリ地震（M7.4～7.8）	17	トルコ北西部
2001年1月26日	インド西武地震（M7.6～7.7）	20～40	インド西部
2003年12月26日	バム地震（M6.5～6.6）	43	イラン南東部
2004年12月26日	スマトラ島沖地震（M9.1）・津波	22以上	インド洋周辺
2005年10月8日	カシミール地震（M7.3～7.6）	8.6	パキスタン北部
2008年5月	サイクロン・ナルギス	13.8以上	ミャンマー
2008年5月12日	文川地震（M7.9）	8.7以上	中国四川省
2010年1月11日	ハイチ地震（M7.0）	22以上	ハイチ南部
2011年3月11日	東北地方太平洋沖地震（M9.0）・津波	1.9	日本

表2.1 おわり

災害の規模は原因となる自然現象の規模だけでは決まらない．原因が大規模になるほど災害も大きくなる傾向はもちろんあるが，社会の状態や事情を反映して場所や時期などの条件にかなり強く依存する．たとえば，マグニチュードが6クラスの地震が起きたときに，建造物に耐震対策がほどこされた先進国では被害があまり出ないが，開発途上国では建物がつぶれて多数の死者が出ることがある．

特に大きな災害の原因に長期的な気象の異常がもたらす干ばつがある．干ばつ時の飢饉のために中国，インド，ロシアなどで数百万人の死者が出たことがある．突発的に襲ってくる災害要因で数十万人もの犠牲者が出るのは，発達した低気圧に伴う高潮や地震などに誘発される津波で，海水が陸に侵入するときである．

突発的な気象災害で最大規模の被害が出たのは，1970年11月12日にベンガル湾奥のボーラ地方をサイクロン（ボーラ・サイクロン）が襲ったときである．このサイクロンは中心気圧が966hPa，最大風速が57m/sという中規模なものであったが，高潮が発生してインドやバングラディッシュ（当時の東パキスタン）などで30～50万人もの死者が出た．

サイクロンの規模が中程度だったのに9mもの高潮が出たのは，海が浅く海面の高さが風の影響を受けやすかったためと，潮汐が大きい場所でたまたま満潮時にあたったためである．陸地は三角州で海抜数mの低地が広がっており，もともと人口密度が高い上に，稲作の収穫期で多くの人が集まっていた．これらの条件が重なって大災害になったのである．

最近起きた最大級の地震災害は2004年12月26日のスマトラ島沖地震（マグニチュード9.1）によるものである．地震はインド洋東のスンダ海溝で発生したプレート間地震で，断層の長さは水平方向に1000～1600km，深さ方向に30kmに達した．地震の規模は1960年のチリ地震（マグニチュード9.5）に次いで2番目だが，災害の規模はチリ地震よりはるかに大きく，地震と津波で22万人以上の死者が出た．

この地震による津波は，高さの最高値が34mを記録し，インドネシアから東アフリカに至るインド洋周辺諸国で10m程度の高さで陸に入った．南極や南北アメリカ大陸でも数十cmの津波が観測された．被害が大きくなった原因には，津波の監視体制が未発達で警報がほとんど出されなかったことと，住民に津波に対する知識や警戒心が不足していたことがあげられる．この経験を踏まえて，津波の監視体制や教育体制の整備が，太平洋周辺諸国からの協力も得ながら進められている．

1923年の関東地震（マグニチュード7.9のプレート間地震）のときは，相模湾の沿岸などで津波の被害も出たが，10万人を超える犠牲者が出た主な原因は，地震が昼食の準備時に発生して首都圏のあちこちで火災が発生したことにある．1976年に中国の東部で起きた唐山地震（マグニチュード7.8）は内陸地震であったが，死者は24万人に達した．犠牲者のほとんどは建物の倒壊によるものと推測される．

世界で最大規模の火山災害は1815年4月5～12日にインドネシアで発生したタンボラ火山の噴火による．この噴火は噴火の規模も最大級（VEI 7）で，噴出物の総量は150km^{3}に達し，火山灰は半径1000kmの範囲を覆った．爆風や噴石など噴火が直接的な原因となった死者は1万人余りだったが，その後飢饉や疫病が蔓延してさらに7～12万人が死亡した．噴火時に大量の噴出物が成層圏でエアロゾル生み，世界中で気温の低下がみられた．

火山の活動が津波を起こした例として，インドネシアのクラカトア噴火（1883年8月26～28日，VEI 6）があげられる．このときは海峡の海底にカルデラが形成されて津波が発生し，海峡の両側で3万人以上の死者が出た．また，1792年5月21日には雲仙岳の眉山が崩壊して大量の土砂が島原湾に流入し，津波が対岸の熊本県側などを襲って1万五千人の死者が出た．

噴火で発生した流れが大災害を起こすこともある．1902年5月8日に西インド諸島のプレー火山が噴火したときは，火砕流が山頂から8km離れたサンピエール市と港を襲って2万9千人の死者が出た．また，1985年11月13日にコロンビアのネバドレスルイス火山が噴火したときには，火砕流に誘発された融雪泥流が50km下流のアルメロ市を襲って2万1千人が亡くなった．

故意に起こされる人的な災害で大きな被害が出たのは，2011年9月11日に米国東部で航空機がハイジャックされた同時多発テロのときである．このときは，航空機3機の乗客・乗員と航空機に衝突された建物に居合わせた人々を合わせて3千人以上の死者が出た．さらに多数の死傷者を出すのは戦争である．

第3章
気象現象と気象災害

本章とそれに続く各章では，災害の原因となる自然現象や人的な現象を一つずつ取り上げて，その詳細を個別に議論する．現象の発生機構や重要な性質に関するシミュレーションの例題を設けて，計算結果を見ながら現象の性質や関連する問題について考察を進める．例題には現象の理解に役立つ基本的な問題を選び，計算方法の詳細については巻末の付録に記述する．

第3章のテーマは気象災害の原因になる大気の運動と気象現象である．シミュレーションの例題のテーマは，大気の運動の基本的な枠組みと上昇する大気中の水蒸気の凝結の二つである．これらの例題を手がかりに，気象現象の仕組みや予測の方法について考える．

3.1 大気の運動の特徴

大気の運動を制御する最も重要な要素は，赤道から極（北極と南極）にかけて低くなる温度の変化と，地球の自転に伴うコリオリ力である．この二つの要因で大気の運動が基本的にどんな様相をとるかを考える．

地表付近の温度が高緯度側ほど低くなるのは，太陽光（太陽から入射する電磁波，主に可視光）が地表に入射する角度の違いのためである．赤道付近は昼間にほぼ真上から入射する太陽光からエネルギーを効率的に受け取れるが，北極や南極は太陽光が夏の季節だけに地表すれすれに入ってくるのでエネルギーを吸収しにくい．両極付近が受け取るエネルギーは赤道の半分以下であり，それが原因で赤道と極の間には数十℃の温度差が生じる．

もう一つの要因であるコリオリ力は，地表に固定された座標軸が自転とともに回転するために生ずる力で，地球上で運動する物体の運動方向を回転させる効果をもつ．重力や摩擦力などに比べるとかなり小さいので，日常生活でその存在に気づくことはほとんどないが，浮力の微妙なバランスに制御される大気や海の運動には決定的ともいえる強い影響を及ぼす．コリオリ力は赤道では働かず，強さは緯度とともに増大する．

これらの要因の支配を受けて地表の状態が上空にどうつながるのか，簡単な計算で調べよう．図3.1は大気の圧力（気圧）と運動速度（流速）が高さとともにどう変わるかを計算した結果の例である．この図で圧力は等高線で，流速は矢印の大きさと方向で示される．ここで対象とするのは北半球の温帯（北緯45°付近）に属する対流圏で，大気が受けるコリオリ力にはこの緯度での値が使われる．

この図で，地表と上空の間は圧力と温度（気温）が各地点で上下方向に平衡状態にあるとしてつながれている．ある地点で大気の塊をゆっくりと上昇させると，圧力は重力平衡の条件を，温度は断熱膨張の条件を満たしながら変化する．このようにして，上空の圧力と温度を地表の状態から計算したのである．具体的な計算方法は付録A1に記述する．得られた状態は，どの高さでも大気に働く浮力が重力と釣り合っており，大気は力学的な平衡状態（静力学平衡）にある．

図の計算では，地表の温度は南北3000kmの範囲で30℃の温度差をつくって北にいくほど一定の割合で低くなるように設定する．この温度差のために大気の密度が緯度につれて高くなり，鉛直方向の圧力勾配が密度に比例して大きくなって，上空の圧力は高緯度側ほど低くなる．地表の圧力としては，仮に同じ気圧差と空間的な広がりをもつ高気圧と低気圧を同じ緯度に並べて配置する（図3.1（a））．こうしておけば，上空に及ぶ高気圧と低気圧の効果を容易に比較できる．

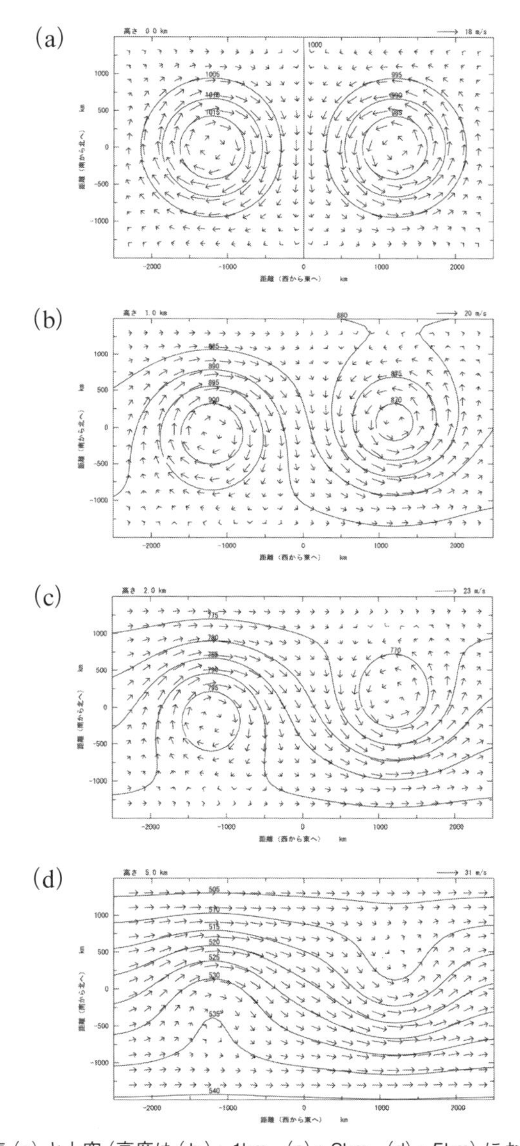

図3.1　地表（a）と上空（高度は（b）：1km，（c）：2km，（d）：5km）における大気の圧力と流速の分布．北緯45°付近の温帯を想定し，圧力は等高線（単位はhPa）で，流速は矢印（大きさは右上の凡例）で表現する．上空の状態は，大気が各地点で上下方向に平衡状態にあり，流速が地衡風の条件を満たすとして，地表の状態から計算される（付録A1）．地表には高気圧と低気圧が分布し，温度は南北3000kmの間で303Kから273Kまで変わるとする．

地表でこのように設定された温度と圧力から，平衡条件を用いて上空の圧力分布を計算したのが図3.1の（b）～（d）である．上空の温度は，地表の温度差を保って高さにつれて同じ割合で下がるだけなので，図示はされていない．

流速（大気が移動する運動速度）は以下のように計算される．大気は圧力の小さい方に流れようとするが，流れはコリオリ力に強く曲げられ，コリオリ力とほぼつり合う状態で落ち着く．圧力勾配がコリオリ力と完全に釣り合う流れは地衡風とよばれる．大気の広域的な流れは実際に地衡風でよく近似できるので，流速は近似的に地衡風であると仮定して圧力勾配から計算できる．

大気の流れは，地表ではコリオリ力のために高気圧のまわりで上から見て右回り，低気圧のまわりで左回りになる（図3.1（a），南半球では逆向き）．上空では高緯度側ほど圧力が下がるので，コリオリ力で東側に強く曲げられて西風になる（南半球でも西風）．これが偏西風である．この傾向は高さとともに強まるが（図3.1（b）～（d）），低気圧や高気圧の影響で等圧線は曲げられて，偏西風は蛇行する．

このように，大気の基本的な状態は地表付近の圧力のゆらぎと，上空での偏西風の蛇行で構成される．これが対流圏の温帯にみられる大気運動の特徴である．上空の偏西風は高気圧の上では北側に，低気圧の上では南側に曲げられて蛇行する．偏西風が曲げられる部分には流れが集中して速度が早められる．流れが極端に集中する部分がジェット気流である．

実際の大気の状態は，観測や計算結果を総合し，気圧配置に風向や風速を加えて，地表では天気図に，上空では高層天気図に描かれる．ただし，高層天気図は図3.1のように一定の高さで描かれた圧力分布ではなく，一定の圧力（気圧）でみた高度分布で示される．天気図も高層天気図も実物はかなり複雑だが，地表と上空の状態には図3.1の計算で示されるような対応関係がみられる．

さて，図3.1の計算では大気の運動が地衡風の状態にあると仮定した．実際の大気の運動は，摩擦などの効果で地衡風からはずれ，圧力の低い側に向かう部分がある．そのために，地表付近では，大気は回転しながらも高気圧から出て低気圧に向かう．それが上下方向の平衡関係も乱して，低気圧の範囲に上昇流が，高気圧の範囲に下降流が発生する．

さらに太陽光の入射には時間変化がある．そこで，大気の運動は基本的には地衡風の構造を保持するものの，太陽光の変化に対応し，地表と上空の間で大気を交換しながらゆっくりと変化する．また，地表付近の状態は偏西風に流されて東側に移動する．

上空では強い大気の流れがほぼ等圧線に沿うために，等圧線は等温線にもなる．そこで，偏西風が南に蛇行すると冷たい大気が南下し，北に蛇行すると暖かい大気が北上する．特に，南に張り出す偏西風の北では，地表と上空の温度差が拡大して大気が不安定になり，強い上昇流が生じて荒れた天気になりやすい．また，暖気と寒気が不連続に接するジェット気流が地表に降りてくると，そこに前線が生まれる．

高気圧や低気圧は地表と上空の間で大気が交換される場所である．上空では低気圧の中心は北側に，高気圧の中心は南側にずれる（図3.1）から，地表付近で低気圧に集まった大気は上昇とともに北側にずれ，偏西風に流されて東に移動してから，高気圧に入ってさらに北側に下りてくる．流れは全体としてみると南側の暖かい空気が上昇して北側に降りてくることになる．結局，低気圧，高気圧，偏西風は協力して高緯度側に熱を運ぶ対流の役割を果たしている．

3.2 大気塊の上昇と水蒸気の凝結

気象現象が多彩なのは大気が水蒸気を含むためである．海洋などに豊富に存在する水は，蒸発して水蒸気になって大気に取り込まれる．大気が上昇する過程で水蒸気は凝結して微小な水滴や氷滴になり，空中に浮かんで雲をつくる．水滴や氷滴は成長して大きくなると重力で落下して雨や雪になる．このような水の循環過程の途上で暴風雨などの気象災害が発生するのである．

一連の現象で中心的な役割を演じるのは，上昇する大気中で進行する水蒸気の凝結である．その過程を簡単なシミュレーションで調べよう．現象を簡略化して，水蒸気を含む大気の塊が乾燥大気中を浮力で上昇する過程を考える．大気の塊は，たとえば豪雨の原因となる積乱雲を表現する．シミュレーションの主要な興味は，大気塊に含まれる水蒸気量や周辺を囲む大気との温度差が上昇過程にどう影響するかをみるところにある．計算方法の詳細は付録A2にまとめる．

図3.2は計算結果の1例で，大気塊が質量にして1%の水分を含む場合である．上昇の出発点となる地表（$z = 0$）では，温度は大気塊も周辺大気も同じ300K（23℃）であり，大気塊が含む水分はすべて水蒸気になっている．なお，計算ではすべての変数が時間tとともにどう変わるかが追跡されるが，計算結果は変数を高さzと対比して示す．そのほうか意味が解釈しやすいからである．

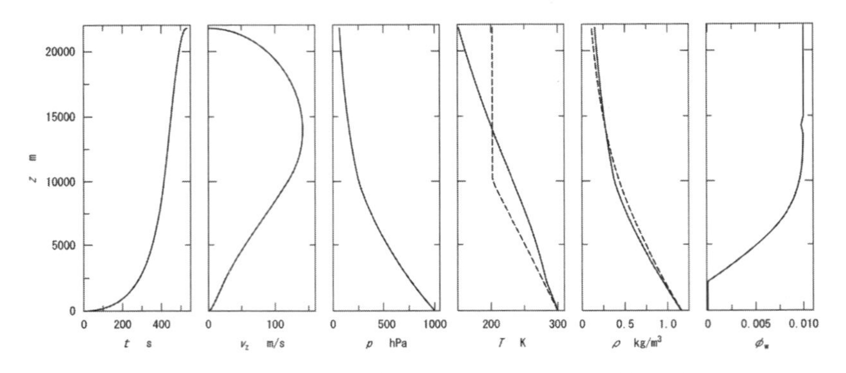

図3.2　水蒸気を含む大気塊が乾燥大気中を上昇する過程の計算例（1）．地表では大気塊は質量で1%の水蒸気を含み，地表の温度は大気塊も周辺大気も300Kである．大気塊の高さz，上昇速度v_z，圧力p，温度T，密度ρ，凝結する水の質量での割合ϕ_wは時間tと対応する変化が計算されるが，図ではzと対比させて示される．温度と密度の図で破線は周辺大気の値を示す．

この計算例では，地表で大気塊と周辺大気に温度差はないが，大気塊は水蒸気を含む分だけ周辺大気より密度が小さい．密度が違うのは水蒸気が空気より分子量が小さいためである．この密度差のために浮力が生じて，大気塊は周辺大気中をゆっくりと上昇し始める．なお，シミュレーションは乾燥大気中の上昇を扱うが，水蒸気量の多い大気塊が少ない大気環境を上昇する場合も同様に扱える．

上昇とともに大気塊の温度T（実線）が下がるのは，断熱膨張によって大気塊が周辺大気を押しのけてエネルギーを失うためである．実は，周辺大気の温度（破線）も断熱膨張の長期的な作用で決まっており，温度は高さとともに下がっていく．ところが，密度差のために断熱膨張の効果も大気塊のほうが小さく，温度の降下量も小さい．そのために，上昇とともに大気塊と周辺大気には温度差（破線との差）が生じ，新たな浮力が加わって，上昇は加速される（v_z

が増加する).

大気塊の温度が下がると，空気が最大限含みうる水蒸気量（飽和水蒸気量）が減って，飽和水蒸気圧が減少する．飽和水蒸気圧が実際の水蒸気の分圧より小さくなると，水蒸気の一部が空気に留まれなくなり，凝結して水になる（水の質量比 ϕ_w が正になる）．この際に凝結に伴う潜熱が放出されて温度が下がる割合が抑えられ，周辺大気との温度差が広がる．密度差も拡大して，上昇速度がさらに加速される．

凝結は大気塊の上昇に逆向きの二つの効果をもつ．凝結で水滴や氷滴が生ずると，その分だけ気体の体積が減少して大気塊の密度は増加に向かう．逆に，潜熱の発生に伴う熱膨張のために大気塊の密度は減少に向かう．実際の浮力の増減はこの二つの効果の兼ね合いで決まるが，水と水蒸気の場合には潜熱の効果が勝って周辺大気との密度差が広がり，上昇が加速されるのである．

大気塊はこのように加速しながら上昇を続け，成層圏に入ってようやく止まる．成層圏では周辺大気の温度が下がらなくなるために，温度差や密度差がやがて逆転し，大気塊は浮力を失って減速され，最終的には上昇が止められるのである．

大気塊に含まれる水蒸気の割合が2倍になった場合の計算結果を図3.3に示す．前の計算結果と比べると，水蒸気量が増えるために凝結が始まる高度が低くなる．また，浮力の増加に対応して上昇速度が早くなり，最終的に到達する高度も多少高くなる．しかし，上昇過程の全般的な姿は変わらない．

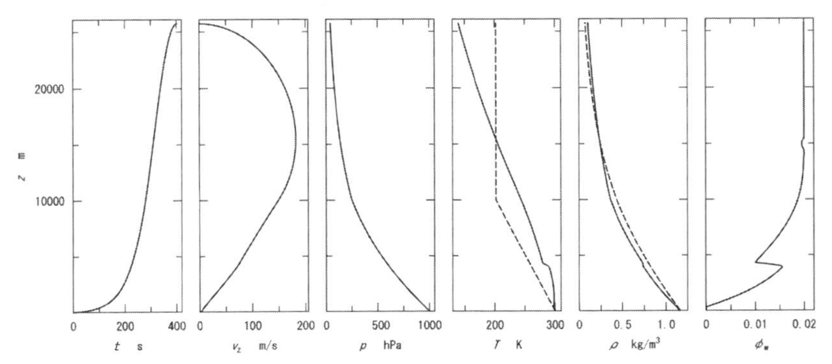

図3.3 水蒸気を含む大気塊が乾燥大気中を上昇する過程の計算例（2）．大気塊は質量で2％の水蒸気を含む．それ以外の条件は図3.2と同じである．

図3.3で注目されるのは，凝結する水の量が上昇とともに単調に増加せずに下がる時期があることである．凝結と蒸発のどちらが起こるかは飽和水蒸気圧と分圧の変化の仕方による．大気塊の上昇とともに温度も圧力も下がり，それに伴って飽和水蒸気圧も分圧も減少する．通常は温度が下がる効果が勝って水蒸気の凝結が進むが，圧力の変化が勝ると一度凝結した水がまた蒸発するのである．

大気塊は地表の温度が周辺大気より高くても熱膨張の効果で上昇する．この場合も上昇は成層圏に達するまで続くが，水蒸気が凝結を起こさないと潜熱による上昇の加速は生じない．温度が逆に周辺大気より低くなると，水蒸気の存在で生ずる浮力が抑えられる．この効果はかなり強力で，大気塊が水蒸気を1%含んでも，温度が周辺大気より0.2℃以上低いと，浮力が相殺されて大気塊は上昇できない．

きっかけが水蒸気であれ温度の高まりであれ，いったん上昇を始めた大気塊は加速されながら成層圏に達する．実際の大気の上昇は摩擦力などの抵抗を受け，周辺大気と混合して均一化を進める．シミュレーションで無視されたこれらの効果は，上昇速度や到達高度を引き下げる．特に大気塊が小さいときには上昇途上で大気塊を飛散してしまう．しかし，大気塊がある程度以上の大きさになると，周辺大気は上昇過程にあまり影響しない．

3.3　低気圧の構造

前節でみたように，大気塊の上昇はいったん始まると加速され，成層圏に入るまで止まらない．これは対流圏の大気が不安定なときに起こる現象である．仮に大気の温度が上にいくほど高ければ，熱膨張の効果で密度は上ほど低くなり，大気は重力的に安定になる．この場合には，地表で浮力が生じて大気塊が上昇を始めても，高度の高まりとともに温度はすぐに逆転し，浮力が失われて上昇が止められる．

実際の大気の安定性は温度だけでは決まらない．対流圏では大気の温度は高さにつれて下がるが，この場合にも断熱膨張や凝結による潜熱のために大気は安定になりうる．これらの効果を考慮して大気が安定な状態を気象学では絶対安定，不安定な状態を絶対不安定とよぶ[15]．絶対安定は鉛直方向の温度勾配が相対的に小さい場合に，絶対不安定は大きい場合に生ずる．二つの状態の中間には，水蒸気が飽和しているときだけに不安定になる状態があり，これを条件つき不安定とよぶ．

悪天候や降雨・降雪は大気が不安定な条件つき不安定のときに起こる現象である．図3.2や図3.3で得られた大気塊の加速的な上昇は，対流圏が条件つき不安定であるために生ずる．大気塊は対流圏を加速しながら突き抜けるが，絶対安定の状態にある成層圏に入ると，上昇が減速されて止められる．

さて，上昇する大気は周囲より密度が小さいので，その下では荷重が減って圧力が下がる．そこで，大気が上昇する場所は地表が低気圧になる．低気圧は周囲から大気を集めて大気の上昇を助けようとするが，大気はコリオリ力のために低気圧に容易には流れ込めない．また，大気の上昇に伴う雲は太陽光の入射を妨げて高温の状態を保つのを妨げる．

これらの条件がどう調和するのか，熱帯の海上で誕生する熱帯低気圧を例に考えよう[16]．熱帯低気圧が生まれる熱帯の海は水温が27℃以上の高温である．この環境で水蒸気を豊富に供給された大気は，3.2節でみたように上空では温度が周辺より高くなって浮力を増大させる．実際に，熱帯低気圧の中心付近には上空に10℃以上高温の温暖核が存在する（図3.4）．このような大きな温度異常は熱帯低気圧以外の場所には知られていない．

熱帯低気圧が実際に生まれるのは，赤道から多少離れて緯度（北緯および南緯）が数度以上の場所である．熱帯低気圧が赤道上で発生しないのは，形成にコリオリ力が必要なためである．低気圧が形成されて大気が周囲から流れこもうとしても，コリオリ力があると強く曲げられて容易には流れこめない．この作用がないと，低気圧はすぐに大気の流れに埋められて消滅してしまうのだろう．

コリオリ力に遠心力も加わり，大気は熱帯低気圧の中心付近には流れこめない．そのために中心付近には逆に弱い下降流をもつ眼が形成され，上昇流とそれが生み出す雲は眼のまわりに分布する（図2.4（b））．中心付近は雲を欠くために太陽光が入射でき，温度は中心が高温で周辺が低温になる．この温度分布に対応して，大気は周辺から集まって上昇し，上空で離れていく対流の構造をとると考えられる．

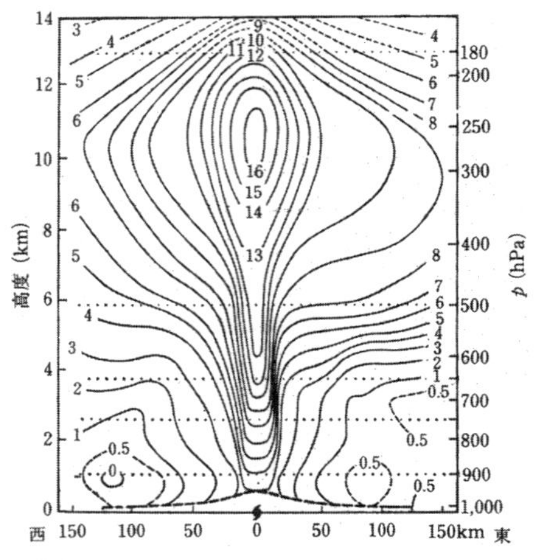

図3.4　熱帯低気圧内部で観測された大気の温度分布 [16]．温度は，熱帯低気圧の中心を通る東西断面で，各高さの熱帯の平均気温との差で表す．中心付近の上部には顕著な温暖核がみられる．

このように，熱帯低気圧は熱帯に入射する高いエネルギーで大気が不安定になる条件下で，水蒸気の蒸発，凝結に伴う雲と潜熱，コリオリ力が協調して，太陽エネルギーを効率的に活用する独特の構造をとる．水平方向の移動は，コリオリ力の緯度依存性のために赤道から離れる方向に働く弱い力を受けるが，基本的には環境に依存して受動的である．熱帯では貿易風に流されて東に移動し，温帯に入ると偏西風に流されながら高気圧を避けて迂回する．

熱帯低気圧が温帯に入ると，海水の温度が下がって水蒸気の供給が潤沢でなくなる．水蒸気の供給は上陸するとさらに難しくなる．温帯ではコリオリ力も強くなりすぎて円滑な大気の流れを妨げる．これらの効果が重なって，熱帯低気圧は次第に衰えて衰退する．

温帯低気圧はでき方も構造も熱帯低気圧とは異なり，温帯に前線として存在する暖気と寒気の境目に生まれる．前線を境に流速に差があると，暖かい側が冷たい側に巻き込まれて渦ができ，それが温帯低気圧の種になる．温帯低気圧は成長後も温度の不連続を温暖前線と寒冷前線として内部に保持する（図2.4 (a)）．発達の末期になると，内部で前線が失われ，急速に衰退して消滅する．

温帯低気圧の場合も大気は周囲から集まって上昇流をつくるが，上昇流は前線の暖気の側に顕著で，全体としてみると暖気の側で上昇して寒気の側で下降する対流の様相をもつ．水蒸気の凝結や雲の発生も暖気の側で顕著に起こる．

低気圧が大気の不安定な場で生ずるのに対して，高気圧は地表付近の温度が相対的に低温で，大気が安定な場所に長く居座る．大規模な高気圧の発生や消滅は，季節変化に伴う大陸と海洋の温度の推移などに対応する．

3.4 大気運動の計算と天気予報

災害の原因になる自然現象の中で，気象現象はシミュレーションが予測に根付いている唯一の分野である．この分野では，大気運動のシミュレーションが観測データによる修正（同化）を受けながら常時実行され，将来の気象条件が計算されて天気予報（数値予報）に活用されている[17]．このシミュレーションの仕組みと背景を概観しよう．

大気などの流体の運動は流体力学で解析される．流体内部の各点で運動を記述する変数は流体の運動速度（流速）の空間3成分と圧力の四つである．この4変数を運動方程式と質量保存則（連続の方程式）の四つの条件が制約する．気象現象には温度も重要なので，温度を制約するためにさらにエネルギー保存則も考慮される．温度は圧力とともに密度を通して運動に関与するので，密度を決める条件として状態方程式が加えられる．

こうして流速，圧力，温度，密度を計算する方程式系がそろう．方程式系は時間と空間の微分を含む連立偏微分方程式であり，シミュレーションはこれを解いて変数の時間的な推移を追う形で進められる．計算には変数の初期分布とともに計算領域の端で境界条件を設定する必要があり，地表での境界条件から陸と海の違い，太陽から地表に入射するエネルギーの効果などが計算に入る．

実際には，この方法にいくつかの修正を加えてプリミティブ・モデルとよばれる計算方法が開発され，それが天気予報に使われている．修正の内容やプリミティブ・モデルの特徴は以下のとおりである．

変数の内で圧力には密度を変える作用と流れを生み出す作用がある．密度変化に伴う現象に音波の伝播があるが，気象現象には重要でない．しかし，方程式系が密度変化も許容するので，音波も解析できるような短い時間刻みを選ばないと解が収束しない（CFL条件）．結果として計算量が膨大になり，それを避けるために昔は計算方法を簡略化した準地衡風モデルが使われた．時間変化をそのまま計算するプリミティブ・モデルが使えるようになったのは，コンピュータの性能が大幅に向上したためである．

圧力や密度は高さが5km上がるごとにほぼ半分になる．この大きな重力の効果は運動方程式の鉛直成分に含まれるので，鉛直方向の流速は圧力と重力の釣り合いからの微小なずれに駆動されることになる．しかし，この計算は大きな誤差を生むので，運動方程式の鉛直成分は圧力と重力の平衡関係を満たすとみなし，鉛直方向の流速は連続の方程式から決める計算方法がある．この方法は静力学近似（静力学モデル）とよばれ，プリミティブ・モデルもそれを採用している．

大気の運動は粘性抵抗を受けるが，粘性率の小さな大気は流れが多数の渦を含む乱流状態になり，粘性流体の運動方程式では適切な対処ができない．そこで，プリミティブ・モデルでは大気全体の運動を計算する際には粘性の効果を無視する．粘性抵抗の大きな地表付近には大気境界層をおき，大気運動の計算対象からはずす．大気境界層は乱流の効果を接地境界層とエクマン層からなる近似的なモデルで表現して，地表の境界条件を大気運動につなぐ．

気象現象には水蒸気の凝固や降雨・降雪が重要であるが，これらの現象は大気運動の計算では考慮されていないので，大気の上昇過程のモデル（積雲対流モデル）で近似的に表現する．それをシミュレーションに組み込むには，大気運動の計算で得られた温度，圧力，流速から凝結の発生の可否を把握し，凝結から派生する潜熱などを積雲対流モデルで見積もって，温度などの元の変数を修正する．

大気境界層や積雲対流などのモデルを使ってシミュレーションを補足する方法はパラメータ化（パラメタリゼイション）とよばれる．パラメータ化とは，複雑な現象をパラメータ（近似式などの定数）で表現して計算に組み込むことをさす．太陽光の入射や地形の凹凸もパラメータ化で組み込まれる．このように，プリミティブ・モデルは大気の運動の基本的な変数を偏微分方程式で計算し，それ以外の効果はパラメータ化で対処して，実用に耐える計算を実行する．

ここで，3.1節や3.2節で取り上げたシミュレーションとプリミティブ・モデルの関係について触れておこう．プリミティブ・モデルで用いる運動方程式の水平成分は（A1.1）式と，状態方程式は（A2.2）式と同じである．エネルギー保存則は（A2.5）式で水分の効果を除いたものになる．運動方程式の鉛直成分を近似する静力学モデルはエネルギー保存則と組み合わせると，乾燥大気に対する（A1.5）式になる．また，積雲対流モデルは3.2節で考察した上昇大気中の凝結の扱いと類似する．

プリミティブ・モデルは数値予報に大きな貢献をしているが，問題点もある．まず，計算が対象とする期間が10～15日より長くなると，計算結果は初期条件のわずかな誤差を急速に拡大して予測能力を失う．この性質はカオスとよばれる．長期予報では，カオスの影響を緩和するために，初期条件の異なる複数の計算結果を比較するアンサンブル予測が用いられる．

もう一つの問題点は，竜巻や局地的な集中豪雨などの小規模な気象現象で予測の精度が不十分なことである．原因の一つは大気運動を計算する格子間隔が水平方向に5km程度と粗いことで，それはコンピュータの性能の向上によって解決できる．もっと本質的な原因は，小規模な現象が積雲対流などによるパラメータ化では十分に対処できないことである．それを改善するために，静力学モデルを使わずに鉛直方向にも運動方程式を考慮して，凝結をもっと正確に表現する試みが進められている．

凝結や雲の扱いの難しさはもっと大規模な気象現象の計算にも影響する．熱帯低気圧については，大局的な気圧配置などから移動はかなり精度よく予測できるが，発生から発達を経て衰退に至る内部構造の推移は正確なシミュレーションが難しい．

3.5 気象現象の長期的な変化

気象現象の究極的な原因は太陽から電磁波として入射するエネルギー（太陽エネルギー）である．各地域に入射する太陽エネルギーの量は日変化や季節変化をするばかりでなく，もっと長期的にも変化する．また，太陽エネルギーは固体地球や海洋にも吸収され，それが様々な経路を経て大気に返ってくる．これらの理由によって気象現象には長期的な変動が生ずる[18] [19] [20].

大気を通過した太陽エネルギーは，陸では周期に応じて地下のある深さまで染み込んでから時間を遅らせて地表から放出される．そのために，陸の温度は日変化では1～2時間ほど，季節変化では1～2月ほど入射エネルギーの変化より遅れる．陸によるこのような吸収や放出の効果は容易に見積もれるので，数値予報に用いるプリミティブ・モデルにも組み込まれている．

海の場合には，海水が太陽エネルギーを保持したまま移動するので，吸収から放出に至る過程が海洋の流れに依存して簡単には見積もれない．そこで，プリミティブ・モデルでは海とのエネルギーの交換は物理現象としては考慮せず，観測から得られる海の表面温度を大気運動の境界条件として用いる．

海洋と大気の相互作用には，水蒸気や水などの物質の移動，風が海面を引きずる力学的な作用，熱の伝播などのエネルギーの交換がある．相互作用が生み出す興味深い現象としてエルニーニョ南方振動をみよう[8]．これは赤道太平洋の東と西で海水の温度がシーソーのように上下する現象である．海水温が東のペルー沖で上がると，西のニューギニア付近では下がり，逆に東で下がると西では上がる．この変化が4～5年程度の周期で繰り返されるのである．

エルニーニョ南方振動は他の地域の気象現象にも影響する．振動に同期して，世界各地で猛暑や冷夏，寒波や豪雪，大雨や干ばつなどの異常気象が発生するのである．振動に伴って大気に気圧の波が生じ，それが世界中の気象条件を狂わせるらしい．日本はペルー沖が高温になると冷夏と暖冬に，低温になると猛暑と寒冬になることが多い．このように広域に影響を及ぼす現象はテレコネクションとよばれる．

この現象の理解や予測には，大気と海洋を一体として解析する気候モデルが用いられる．気候とは短期的な変動を平均化した各地域の固有な気象状態を表す語である．海洋の運動は大気よりずっとゆっくりと進むので，気候モデルでは海洋の運動が時間を追って詳しく計算され，その各時点で大気は海洋に追従して平衡状態を保ちながら準静的に変化すると仮定される．

エルニーニョ南方振動は熱帯での大気と海洋の相互作用によって発生する．気候モデルを用いた解析[16]によると，ニューギニア付近で温度が上がると東側に流れ出す風が強まり，海水の西への流れを妨げる．そのために，ペルー沖では北太平洋の深部から湧き上がる冷たい海水の流れが抑えられて，海面は次第に高温になる．赤道付近で温められながら西に流れる海水も減少して，ニューギニア付近は低温に向かう．こうして二つの地域で逆向きの温度変化が進行するのである．

ニューギニア付近は海水温が世界中で一番高い地域で，そこから供給される水蒸気の潜熱が大気全体の運動の主要なエネルギー源になっている．そのために，ニューギニア付近の海水温の変動は世界中に波及して，各地域で気象現象の異常をもたらすと考えられる．

さて，太陽から放射されるエネルギーは黒点の増減に対応して最近は11年周期で0.1％程度変動している．17世紀には欧州で小氷期とよばれる寒冷な時期があり，そのときは太陽表面に黒点が見られなかった．また，地球に入射する太陽エネルギーは地球の公転軌道や自転軸の変化で微妙に変化する．周期が数万年の氷期と間氷期の反復（ミランコビッチ・サイクル）はそのために起こるとされる．

現在世界中が強い関心を寄せる気候変動に地球温暖化がある．地球表層の温度は太陽から可視光として入射するエネルギーと地球から赤外線として放射されるエネルギーのつり合いで決まる．可視光は大気にほとんど吸収されないが，赤外線は大気中の特定な気体成分に強い吸収を受ける．そのために，地球表層の温度はこの気体成分の量に依存して上下する．この効果を温室効果，赤外線の吸収に関与する二酸化炭素や水蒸気などの気体成分を温室効果ガスとよぶ．

温室効果が地球表層の温度に影響した事例は地球の歴史に数多く残されている．たとえば，6億年より前には地球全体が氷に覆われる全球凍結が何度か発生したが，それは生物による活発な光合成のために大気中の二酸化炭素量が過度に減少したためとされる[20]．過去数百万年間にみられた氷期と間氷期の反復も，入射する太陽エネルギーの微小な変化を温室効果が増幅した結果と解釈される．

地球表層の平均気温は大気中の二酸化炭素量とともにここ百年余り著しく上昇してきた（図3.5）．この急速な地球温暖化は文明による人工的な二酸化炭素の排出に原因があるとされ[21]，二酸化炭素の排出を規制する活動が国際的な枠組みで展開されてきた．2015年には世界中が参加してパリ協定が締結され，21世紀末に二酸化炭素の排出を実質ゼロにすることを目指して，各国が排出削減の努力目標を定めることが決められた．しかし，2017年に米国はパリ協定からの離脱を表明した．

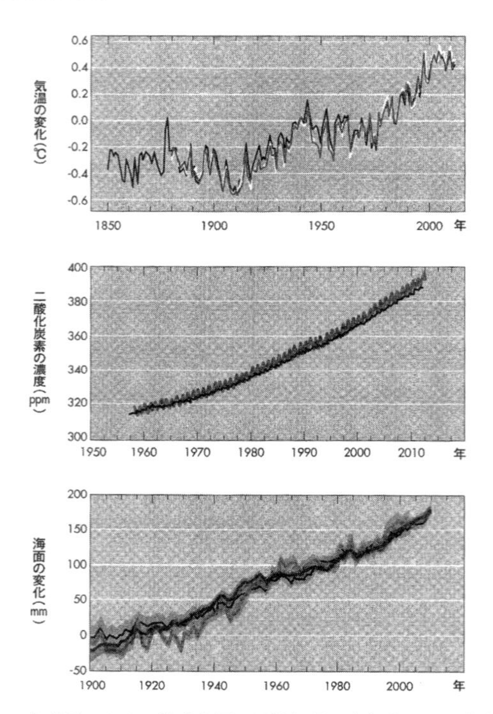

図3.5　過去100年前後にわたる地球表層の平均気温，大気中の二酸化炭素量，海面の高さの変化［20］（データは［21］）．地球温暖化が二酸化炭素量の増加や海面の上昇と一緒に進行していることが読み取れる．

地球温暖化に関するシミュレーションは，気候モデルを用いて日本を含む世界中の研究機関で実施されている．シミュレーションの重要な結論の一つは，海による熱の吸収のために気温の上昇が大気中の二酸化炭素の増加より遅れて進行することである．海は大気より熱容量がはるかに大きく，温度変化が対流で緩和されながらゆっくりと進むためである．このような事情があるために，大気中の二酸化炭素の増加が止まっても，温暖化はさらに数百年間続くとされる．

地球温暖化で極地方の氷が融けて海水が増えると，世界中の海面が上昇する（図3.5）．また，海水温の上昇で水蒸気の蒸発が進むと，雲が増えて太陽光の入射を妨げる．この雲の効果は正確な見積もりが難しく，温暖化の進行を予測する上でも最大の誤差要因になっている．

3.6　最近の気象災害の動向

気象現象には最近の活動に異常が感じられる．たとえば，大型の台風（熱帯低気圧）が頻繁に発生する．豪雨が長期間続いて今まであまり経験しなかった場所でも洪水が起こる．以前は外国の出来事だと感じていた竜巻が日本でもしばしば発生して被害を出す．厳しい猛暑や寒波に襲われて多数の人々が健康を損なう事態がほぼ毎年繰り返えされる．

大型の台風の例として2017年10月に日本を襲った台風第21号を取り上げよう[22]．この台風は10月16日にカロリン諸島で発生し，日本列島に接近した時点で中心気圧が925hPaと異常な低さに成長して，超大型の台風になった（図3.6）．10月23日には強い勢力を保ったまま静岡県の御前崎市付近に上陸し，関東東部を縦断して太平洋に抜けた．

(a) 10年22日09時

(b) 10年22日09時

図3.6　2017年10月に日本を襲った台風第21号の状態[22]．10月22日9時の天気図(a)と同時刻の衛星赤外画像 (b) を示す．この台風は中心気圧が925hPaの超大型台風で，日本の全域に強い雨と風をもたらした．衛星画像は台風の中心に明確に眼をとらえている．

このときは日本列島の南部に前線が停滞していたこともあって全国が大雨に見舞われ，近畿地方や東海地方では多くの場所で48時間の降水量が500mmを超えた.風も強く,西日本から北海道にかけて30m/sを超える風が吹き荒れ,三宅島では最大風速が35.5m/sになった．西日本から東北地方にかけて河川の氾濫，風水害，土砂災害などが発生したが，幸いなことに人命には大きな被害が出なかった.

激しい豪雨は台風や前線が来なくても起こりうる．2013年8月9日の午前中には秋田県や岩手県を中心に1時間あたりの雨量が場所によって100mmを越え，河川の増水や風水害によって死者・行方不明者7人が出た[22]．このときは東北地方や北海道を低気圧が次々と通過して，大気が不安定になったことが豪雨の原因だと考えられる.

気象現象の異常は，増加傾向が統計的に有意であると示すには観測データの累積がまだ必要なようだが，増加傾向が事実だと仮定されて地球温暖化と関連づけられることが多い．もし温暖化が原因だとしたら，直接寄与するのは海水温の上昇であろう．高い海水温は，熱帯低気圧の成長を助けて大型の台風（ハリケーン，サイクロン）を生み出し，温帯低気圧や前線の発達もうながしてもおかしくない.

地球温暖化と一見矛盾するのは，気象現象の異常に寒波や豪雪が含まれることである．たとえば，2016年1月24～25日には九州や沖縄を中心に記録的な低温が観測され，奄美大島で115年ぶり，久米島で39年ぶり，沖縄本島の名護では観測史上初めて降雪があった．同じ時期に東南アジアの各地も寒波に襲われ，台湾では低温症で死者も出た．時期は異なるが，米国や欧州では厳しい寒波のために多数の死者が出たことがある.

このような事実を説明するために，地球温暖化は単純な気温上昇ではなく，気温の異常を増幅する作用をもつと解釈される．異常を増幅する上で重要なのは，やはり海水温の上昇であろう．海水温が高くなると，海水の蒸発によって雲の量が増え，太陽光が反射されてエネルギーの吸収が妨げられる．それが局所的な寒冷化の原因にもなるだろう.

寒冷化の原因を具体的に議論した理論もある[23]．北極周辺の気象現象はテレコネクションの一種である北極振動と大西洋振動に強く支配されるが，温暖化によって北極の氷の量が減少し，北極と周辺の温度差が縮まると，二つの振動も影響を受ける．その影響で北極のまわりで偏西風の蛇行が強まって温暖な場所と寒冷な場所が併存する状況が起こり，寒冷な場所で強い寒波が発生するというのである．

現状では気象現象の異常はまだ完全な解明に至っていない．その原因が地球温暖化にあるとすれば，温暖化は今後ますます強まるはずだから，将来もっと極端な異常現象が発生しても不思議でない．原因が何であれ，経験したことのないような猛暑や寒波，豪雨や大雪などが起きているとしたら，それには適切な対応策が求められる．

第4章 地震予知はなぜ難しい

地震予知に展望が開けない主要な原因は，地震の発生過程に関する理解が不十分なことである．この節では，地震予知の歴史を振り返りながら，地震の発生機構に関連する概念や問題点を整理する．地震は統計法則を満たして大小様々な規模で起こりながら，前震と余震のような階層構造をとる．このような性質を理解するために，地震の発生過程を記述する簡単なシミュレーションを試みる．

4.1 地震の性質

地震の発生過程や地震予知を考察する準備として，まず地震に関連する基本的な事実や概念を整理する．地震は日常的には地面の揺れをさす語であるが，地震学では揺れの原因まで含めて一連の現象全体を地震とよぶ．この使い方と区別して，地面の揺れには地震動の語があてられる．

弾性体の表面をたたいたり内部で爆発や破壊が起きたりして急激な変形が生じると，その衝撃は弾性波として弾性体の内部や表面を伝わる．この現象が固体地球で起こると，弾性波（地震波）の到達時に地面が揺れて地震（地震動）

が起こる[24]. 地震波には縦波(P波), 横波(S波), 表面波(レイリー波, ラブ波)があり, これらは地震波の発生源から離れると分離して, 縦波, 横波, 表面波の順に到着する.

地震は核爆発などの人工的な原因でも起こるが, 自然界の地震は大部分が破壊, すなわち断層面に沿う急激なすべりが原因である. 地震の原因が爆発のときは主にP波が発生するが, 破壊が原因となる自然地震ではS波の振幅がP波より数倍大きい. 発生源が浅いときは表面波が顕著に生み出され, エネルギーの分散が地表付近に限定されるために, 遠方では表面波の振幅がP波やS波より大きくなる.

同じ断層面上で大小様々な地震が起こることから, 地震のほとんどは未破壊の領域で発生する新しい破壊ではなく, 既存の断層のあちこちで何度も繰り返されるすべりであることが分かる. この意味では, 地震は破壊というより断層面の両側ががたがたとすべる摩擦現象に近い.

発生源から離れた地震計で観測される振動波形は, 地震波が伝播途上で受ける反射, 屈折, 散乱などに乱されるが, 揺れの開始時に観測される振動(初動)は発生源の性質を表す. 多数の観測点に初動が到達する時間の差から, 震源(破壊の始まる場所)の位置が計算される. 多数の観測点で得られる初動の方向の分布から, 歴史的には地震が断層すべりであることが解明された. 初動の方向を震源球に投影するメカニズム解は, 現在でも断層面やすべりの方向を知る有力な手段である.

地震波形の長周期成分は反射などの影響が少なく, 断層すべりの分布や進行経過などを解析する目的によく使われる. 短周期の地震波形からも発生源の性質が読み取れる. そっくりな波形をもつ地震(固有地震)が時々観測されることは, 一度破壊された断層で固着後にほとんど同じ様式の破壊が発生することを意味する. 断層近傍で短周期の強い揺れが観測される事実から, 破壊は断層面上をなめらかに拡大するわけでなく, でこぼこ道を走る自動車のようにがたがたと広がることが知られる.

相対的に大きな地震の活動には, 長い間隔をおいて間欠的に起こる活動と, 類似な規模の地震がある時期に集中する活動がある. 間欠的に起こる大きな地震(本震)の直後には小さな地震(余震)が多数続くので, その活動は本震・余震型とよばれる. 類似な規模の地震が頻発するのは群発地震である. 本震・

余震型の地震はプレート境界や内陸の活断層で，群発地震は火山地帯や熱水地帯などでよくみられる．

本震・余震型の活動の際には，本震の発生直前に前震が起こることがある．前震の震源（断層が小さいので点とみなされる）は本震の震源（断層内で破壊が始まる場所）と一致することが多く，前震は本震の準部過程の一環とみられる．余震は，沈み込み帯の深発地震を除くと，本震の直後に多数発生する．余震は本震と同じ断層のあちこちで起きて解放され残った応力を調整する活動と理解され，その震源分布から本震の断層が推定されることが多い．

規模の大きな地震は多くが本震・余震型の活動の本震であり，それがしばしば深刻な地震災害を引き起こす．内陸の活断層で発生した地震の例として，阪神淡路大震災の原因となった兵庫県南部地震（本震のマグニチュードは7.2）をあげておく．この震災では，建物の倒壊などによって6400人を超える死者・行方不明者が出た．

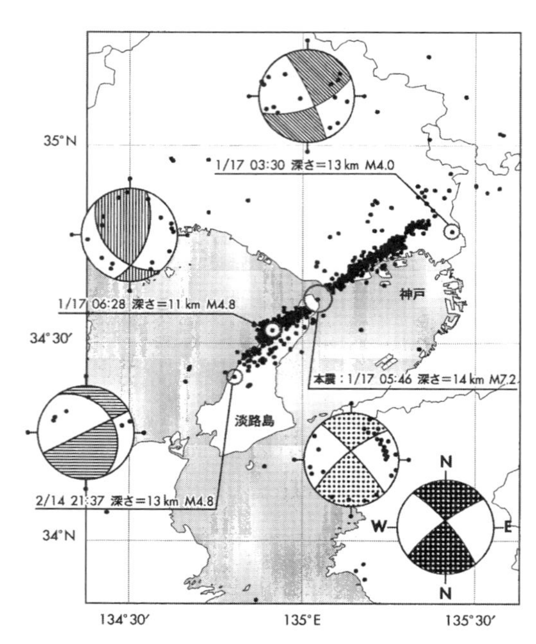

図4.1　兵庫県南部地震の本震（1995年1月17日5時46分，マグニチュード7.2）と余震の震源（震央）分布．本震と規模の大きな余震にはメカニズム解も示す．右下は本震の地震波形の解析から計算されたモーメント解である．

兵庫県南部地震の本震は1995年1月17日の早朝（5時46分）に発生し，震源が神戸市と淡路島を隔てる明石海峡の地下に決められた（図4.1）．本震に先立って，その震源とほとんど同じ場所で前日（16日）の18時台に三つ，23時台に一つの前震が起きた．前震は本震とほぼ同じすべり方向をもち，最大のマグニチュードは3.5であった．

兵庫県南部地震の断層やすべりに関する情報は余震の分布，地表に出現した亀裂，強い揺れの範囲，本震や余震のメカニズム解などから得られた．それによると，すべりを起こしたのは水平方向に55km，深さ方向に15km程度の広がりをもつほぼ鉛直な断層で，すべりは明石海峡の地下から神戸側と淡路島側に広がった．断層運動は右横ずれで，断層の北西側が北東に平均で1.3mすべる活動であった．強い揺れが起きたのは断層の上面が地表付近にあったためで，淡路島では実際に地表に亀裂が出現した．

4.2 応力の蓄積と解放

地震は，固体地球の浅部で断層に沿って破壊とともに急激なすべり（変位差）が生ずる現象であり，ほとんどが既存の断層面上で繰り返される．プレート境界の周辺では個々の断層のすべりがプレート間の速度差をになうが，内陸の活断層でもすべりの究極的な原因はプレート境界の速度差であると考えられる．

この理解に沿って地震の発生過程を単純化して表現する概念に弾性反発モデルがある（図4.2）．このモデルによれば，断層の両側は一定の速度差（v）で動き，そのために弾性変形が生じて応力が高まる．応力が断層の強度を超えると，断層面が突然すべって応力を一息に解放する．これが地震である．すべった後に断層面はすぐに固着して，応力がまた増加し始める．こうして地震が何度も繰り返されてすべりが蓄積され，長期的にはプレート間の速度差をまかなう．

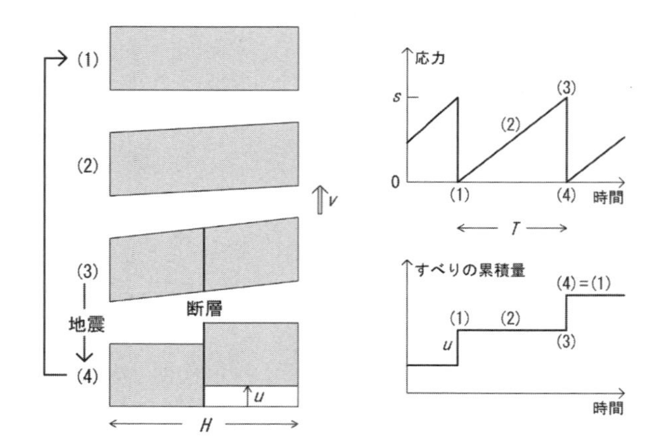

図4.2　地震の発生を記述する弾性反発モデル．断層の両側は長さHをはさんで速度差vで動き，そのために応力が次第に蓄積する．応力が断層の強度sに達したときに，断層が瞬間的にすべって応力を解放する．すべった後に断層はすぐに固着して応力の蓄積がまた始まる．こうして地震は周期 $T = Hs/v\mu$（μは剛性率）で反復し，すべりは毎回 $u = vT$ だけ積み上がる．

弾性反発モデルで速度差と強度が一定ならば，すべりは同じ大きさと同じ時間間隔で繰り返される．このモデルは一定の時間間隔をおいて周期的に発生する同じ規模の地震を表現するのである．実際の地震は，周期性の時間間隔が乱れたり，はっきりした周期性が認められなかったりするのが普通である．地震の規模も同じではなく，大小様々な規模が混在する．

このような現実の地震活動を考慮して弾性反発モデルを拡張し，規模の異なる地震を許容するモデルを立ててみよう．モデルの概念を図4.3 (a) に，計算方法の詳細を付録A3にまとめる．モデルは1直線に広がる1次元の断層で，内部は独立にすべる小さな区画（セル）に分割される．セルの大きさは一定であり，セルには配列の順にセル番号がつけられる．

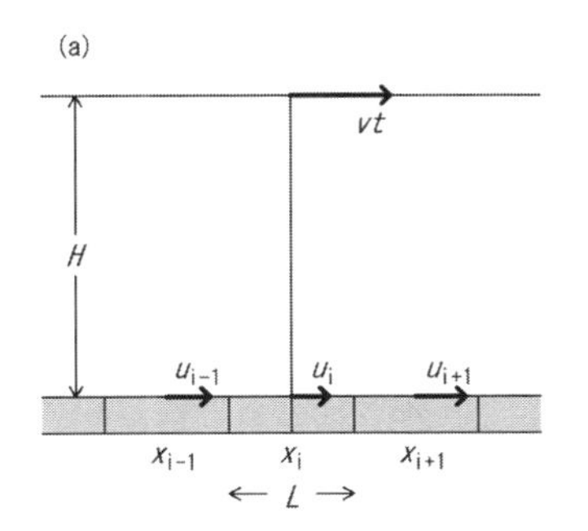

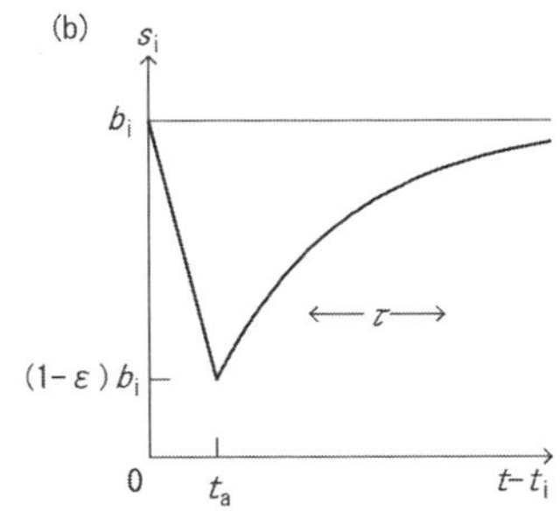

図4.3 地震の多様な発生過程を表現するモデル．(a)x方向に1直線に広がる1次元の断層を考え，断層を同じ長さLをもつ小さなセルに分ける．位置がx_iのセルが時間tの間にすべった総量がu_iである．断層から垂直にHだけ離れた点は一定速度vで動いている．(b)セルiの強度s_iの時間変化（4.5節の計算に適用，図4.7）．強度は時間t_aの間にεの割合で下がり，その後緩和時間εで最初の値に復帰する．

このモデルでは，各セルに応力，すべり量，強度を独自にもたせ，それぞれが弾性反発モデルに従って応力が強度を超えるとすべりが生じて応力を解放する．強度やすべり量の初期分布にはセル間で適当なばらつきをもたせる．断層から十分に離れた点は一定速度で動いており，各セルにはこの運動による位置とすべり量の差に比例する応力が加わる．さらに，隣接セル間はすべり量の差に比例する応力を及ぼし合う．

遠方の速度のために，各セルの応力は常時増加し，それがセルの強度を超えたときにすべりが起こる．そのとき，すべりの影響が隣接するセルに及んで，そこでもすべりが誘発されることがある．この過程が繰り返されれば，すべりは連鎖して多数のセルに広がる．連鎖するセルの数は，一度にすべる断層の大きさを表すので，地震の規模に対応づけられる．

変数を無次元化すると，計算には隣接するセル間の作用と遠方の運動の効果の比を表す定数cのみが関与する（(A3.5) 式），cが大きくなるほどセル間の相互作用が相対的に強まる．セルの数nは有限だが，同じn個のセルが両側に無限に繰り返していて，n番目のセルは0番目のセルと同じ状態にあると仮定する．この周期境界条件を採用することで，境界の存在がセルの状態に影響することが避けられる．

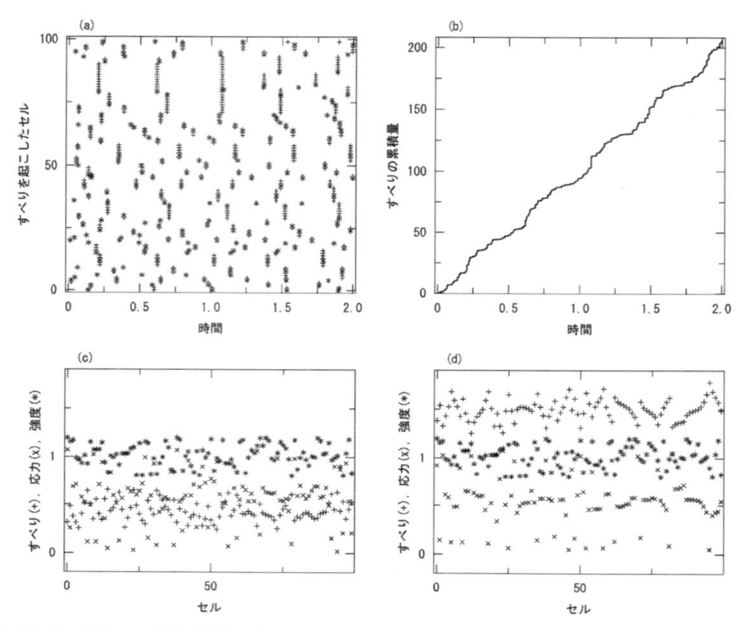

図4.4 地震の多様な規模を表現するシミュレーション結果の例．セル間ですべりが連鎖して様々な規模の地震が起きる．(a) は各時間にすべりを起こしたセルの位置，(b) はすべりの累積量の時間変化を示す．この時間範囲の最初および最後におけるすべり量，応力，強度の分布を (c) と (d) に示す．無次元化された定数 c ((A3.5) 式) は1に設定し，強度は1のまわりに20%のばらつきをもたせる．

以上の準備の下に，すべてのセルにすべりの初期分布を設定すれば，以後の応力やすべり量の分布は定まる．図4.4はシミュレーション結果の1例で，変数はすべて無次元化され，遠方の速度は1に規格化されている．セルの数は100個 ($n = 100$)，定数cは1である．初期分布の影響を薄めるために，計算を適当に進めた時点を改めて$t = 0$として，それ以後の状態が示されている．

図4.4 (a) は，すべりを起こしたセルの番号を時間とともに記録する．すべりは単独のセルにとどまることも，セル間に連鎖して縦につながることもある．連鎖の長さが地震の規模を表すとすれば，計算結果には様々な規模の地震が含まれる．注目されるのは，断層の中に比較的小さな地震がばらつく範囲と，大きな地震が繰り返す範囲がみられることである．大きな地震の発生には周期性も認められる．

図4.4 (b) は各セルで起こるすべりをすべて合計して，すべりの累積量の時間

変化を追う．累積量はどこかですべりが起こるたびに増加するが，増加が階段状に大きくなるのは，セル間の連鎖が広がって相対的に大きな地震が発生するときである．この累積量は細かい変動をならせばほぼ一定の割合で増え，増加の割合が遠方の速度に一致する．

各セルのすべり量，応力，強度の分布は，ここで扱われる時間範囲の最初の時点と最後の時点について (c) と (d) に示される．この図には，連鎖して大きな地震が起こるセルは類似なすべり量を共有し，応力もほぼ同じになる傾向がみられる．なお，強度はセルごとの定数で，時間には依存しない．

要約すれば，断層をセルに分割して各セルに弾性反発過程を独立に考え，さらに隣接セル間に応力を介在にする相互作用を加えることで，様々な規模の地震が表現できる．

4.3 地震の統計則と断層の性質

地震の発生頻度は規模に依存して次の統計法則（グーテンベルグ・リヒターの法則）を満たす[24]．

$$\log_{10} n_M = a - bm \tag{4.1}$$

ここでn_MはマグニチュードがM付近にある地震の個数（厳密にはMと$M + dM$の間に入る地震の個数が$n_M\, dM$）である．定数bは「b値」とよばれ，頻度のマグニチュードへの依存性を表現する．定数aは単に対象とする地震の総個数に対応する．

(4.1) 式は世界中の地震についても，各地域や各断層の地震だけを集めても，よい近似で成立することが知られている．b値は地域や地震グループ毎に多少違いがあるが，平均的には1程度の値をとる．そこで，マグニチュードが1だけ大きな地震は発生頻度が1/10程度に下がる．

この法則は，小さい地震ほど始終起こり，災害の原因となるような大きな地震はまれにしか起こらないことを述べる．図4.4のシミュレーション結果にも大きい地震と小さい地震が含まれ，その割合は小さい地震ほど多い．しかし，このモデルは断層が1次元であり，最小の地震がセルの大きさで制約されるなど，統計法則を記述する上で不完全である．

(4.1) 式が成立する理由は次のように理解できる．ある断層で断層全体をすべらせる地震は1通りしか考えられないが，断層を細かく区分すれば，同じ面積の小さな断層はあちこちに存在する．そこで，断層の一部をすべらせるような小さな地震は選択の可能性が増えて起こりやすくなる．選択できる数は断層の面積に反比例するから，地震の頻度は断層の大きさの2乗に反比例することになる．

一方で地震のエネルギーは断層面積とすべり量の積に比例する．ところが，大きな断層は大きなすべりを許容し，すべり量は断層の大きさにほぼ比例するから，地震のエネルギーは断層の大きさの3乗に比例することになる．(2.1) 式を使ってエネルギーをマグニチュードで置き換え，断層の選択に関する上の考察を適用すれば，地震の頻度は (4.1) 式で $b = 1$ とする関係を満たすことが導かれる．

(4.1) 式で表される地震の頻度の規模依存性は，物理的には重要な意味をもつ．頻度が発生源の空間スケールのべき乗に反比例するという事実は，地震が特定な大きさの尺度に制約されず，大きい地震も小さい地震も同じように起こることを示すのである．いいかえれば，大きな地震の特徴は尺度を変えれば小さな地震にも当てはまる．このように特定な大きさの尺度をもたない現象は一般にフラクタルとよばれる[25]．

地震の頻度を表現する統計法則は確率的な考察から得られるが，地震の発生は完全にランダムではない．地震の系列には，本震・余震型の地震や群発地震のように，一連の地震がグループをつくってまとまることがよくみられる．地震がフラクタルの性質をもつとすれば，小さな地震もグループをつくって前震や余震をもつはずである．ただし，前震や余震の存在は本震が小さくなるほど認識しにくくなる．

地震にグループができることは，地震の発生がばらばらではなく，互いに関連しながらある種の階層構造をつくることを意味する．さらに，地震の発生にはしばしば周期性が認められ，周期性は弾性反発モデルで表現されるような応力の蓄積と解放のリズムを反映する．

実際の地震はほとんどが断層の一部をすべらせるだけで終わる．完全に未破壊の固体で起こる破壊は始まると加速的に拡大する傾向があるが，地震が起こるのは既存の不均質な断層である．断層は幾何学的にもでこぼこしており，強度も一様ではないので，地震は不均質な断層の一部をすべらせてから，強度の高い部分に突き当たって止まるものと理解できる．

断層の不均質性の実態やその効果を理解することは，地震の発生過程，特に大きな地震の発生原因に迫ることであり，地震予知にもつながる．地震の発生が断層の不均質性にどうかかわるかについて，安芸敬一はバリア・モデル[26]を，金森博男はアスペリティー・モデル[27]を提案した．二つのモデルの概念を安芸は図4.5にまとめている．

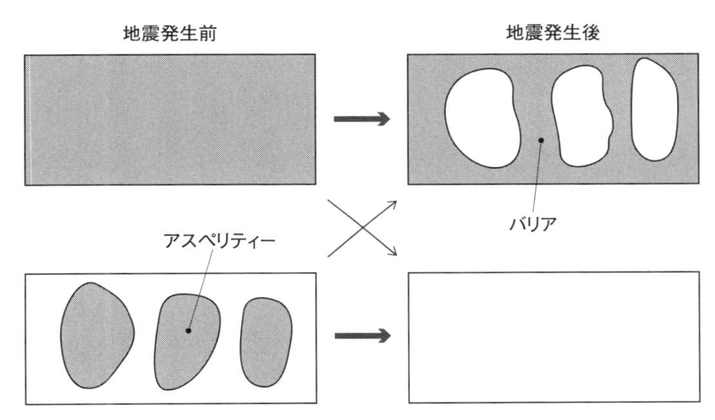

図4.5 バリア・モデル（上）とアスペリティー・モデル（下）[26]．応力が蓄積された範囲を斜線で，地震で応力が解放された範囲を空白で示す．バリア・モデルでは，地震による応力の解放が強固な場所(バリア）で止められる．アスペリティー・モデルでは，強固な場所(アスペリティー）に蓄積された応力が地震で破壊されて解放される．

大きな地震とは何かという問題について，二つのモデルは次のように考える．アスペリティー・モデルによれば，強靭さのためにそれまで壊れ残っていた場所(アスペリティー）が応力の高まりでついに破壊される現象が地震である．バリア・モデルは破壊が止められる場所（バリア）に着目し，破壊開始後にバリアがすぐに働くと地震は小規模にとどまり，遠くまで働かないと大規模に発展すると考える．

アスペリティーもバリアも地震の発生過程について本質的な部分をとらえているが，全体像を完全には究明していない．これらの概念とは独立に，地震を摩擦現象ととらえて発生過程を速度・状態依存摩擦則を用いて解析する試みもある[28]．地震の発生を断層の不均質性と関係させて記述するモデルは未完成であるといえよう．

4.4 地震予知の歩み

地震予知とは，個々の地震の時期，場所，規模などを防災対応に意味のある精度で事前に予測することである．地震予知の実現は地震が多発する国々に住む多くの人々の悲願である．地震予知に向けた研究や試行の歩みには，社会の強い期待を感じながらもそれに応えきれない地震学者や防災関係者の苦悩がにじみ出ている．以下に，その歴史の概略を振り返ってみよう[10]．

深刻な地震災害に度々見舞われてきた日本では，地震予知に対する社会の期待が強く，それを可能にする技術への関心も高かった．国や関係機関の動きとしては，1891年に岐阜県で濃尾地震（マグニチュード8.0）が発生すると，震災予防調査会が地震予知に関する検討を始めた．1923年に関東大震災が発生すると，地震予知の研究を柱とする東京大学地震研究所が設立された．1965年には国家事業としての地震予知計画が始まった．

地震予知に対する世界の見方はあるときは楽観的に，あるときは悲観的に揺れ動いた．楽観論が強まったのは1970年代前半に米国でダイラタンシー理論が提唱されたときである．この理論は，地震が発生する前に発生源周辺を通るP波速度とS波速度の比が減少するはずだと予測した．理論が提唱されるとすぐに観測でそれを実証できたとする成果があちこちで報じられ，人々は期待を膨らませた．しかし，観測データを詳細に吟味する内に誤差をこえた有意性が疑われ，理論はやがて忘れ去られた．

同じころの1975年に，中国で前震などの前兆現象を用いて海城地震（マグニチュード7.3）の予知に成功し，多くの人々の命を救った．しかし，中国でも翌年発生して20万人以上の死者を出した唐山地震（マグニチュード7.8）の予知には失敗し，予知の成否に偶然の要素が強いことを印象づけた．また，ギリシャでは地電流の異常を検出する手法（VAN法）で予知の成功が1990年代に報じられたが，手法の有効性は他の国では実証されていない．

地震予知への悲観論が決定的になったのは，米国のパークフィーフドで行われた地震予知の実験が失敗してからである．パークフィールドでは1857年から1966年にかけてほぼ22年の間隔でマグニチュードが6前後の地震6個が発生した（図4.6）．最後の二つの地震は直前にマグニチュード5クラスの前震を伴った．米国では7番目の地震の予知に向けて各種の観測が強化された．しかし，想定された時期に出された二度の警報は空振りに終わり，遅れて発生した実際の地震の前には警報が出せなかった．

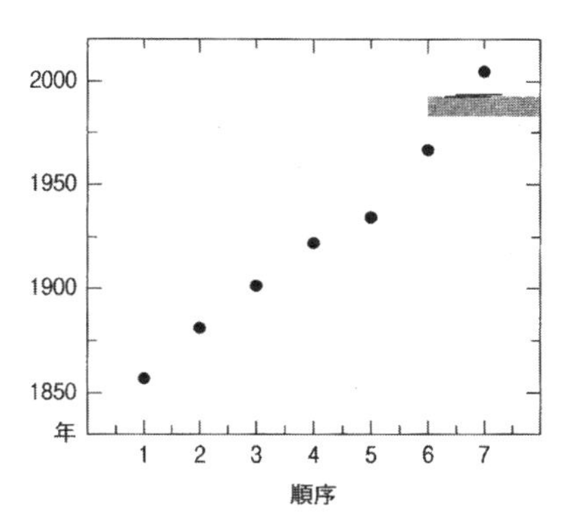

図4.6 パークフィールドの地震予知実験［10］．過去に発生したマグニチュード6前後の6回の地震の経験を受けて，観測体制を強化して7回目の地震の予知に臨んだ．しかし，予測した時期の範囲（影）に地震は起こらず，二回の警報（横棒）は空振りに終わった．その後実際に地震が起きたときには，事前に警報が出せなかった．

地震予知に悲観的な潮流が広がる中で，日本では1995年に阪神淡路大震災が不意をつかれる形で発生した．この経験を受けて，地震予知に過度に期待するよりも防災に役立つ可能な方策を追求すべきだとする考えが強まり，各種の改革が断行された．

気象庁は震度を8段階から10段階に改定し，震度計（加速度型地震計）を用いて震度を即時に自動計測するシステムを導入した．また，地震発生直後にP波の観測から後続のもっと振幅の大きなS波や表面波の到来の可能性を警告する緊急地震速報を発表し始めた．

地震予知計画は予知の実用化を進めるよりも予知の基礎を固める研究を重視する方向に方針を転換した．社会に対する情報発信は，地震の発生を断定的に予測する代わりに，地震の発生確率を見積もることを中心にすえた．発生確率の見積りは活断層の長期にわたる地震発生履歴を基礎にするので，そのデータを得るために地層の掘削を含めた活断層の調査に経費が重点的に支出されるようになった.

地震の発生には統計的な要素が強いから，発生確率の評価は無意味ではないが，現在の評価方法は検討の余地がある．特に，内陸地震の発生間隔は通常1000年を超えるから，周期のゆらぎを基礎に過去の履歴から見積もると，発生確率は通常極めて小さな値になり，人々に誤解を生む原因にもなりかねない．発生確率の評価方法は，何を目的にするかを明確にしてからさらに練る必要があろう.

地震予知が楽観視された1970年代に，日本では駿河湾で東海地震の発生が差し迫っているという認識が地震学者の間に広まった．そこで，国は東海地震に対して前兆現象を捉えて予知情報を出し，警戒宣言を発して防災対応をとるという制度（大規模地震対策特別措置法）を1978年に策定した．その後地震予知への悲観論が強まると，この制度も実用性が疑問視されたが，最終的に見直されたのは2017年で，代わりに気象庁は南海トラフの地震に関する情報を総合的に発表するようになった.

地震が簡単に予知できないことが一般的な認識となった現在では，地震予知という語も余り使われなくなったようだ．しかし，地震予知に対する人々の期待は消えていないし，その研究に意欲をもやす研究者も少なくない．地震予知に向けた模索や努力は簡単に放棄すべきではなかろう.

4.5　地震の系列

地震の発生頻度は統計法則に従うが，地震は完全にばらばらに起こるわけではなく，群発地震や本震・余震型などのまとまりをよくつくる．地震災害からみると前震，本震，余震からなる本震・余震型の系列が重要である．災害の原因になるのは規模の大きな本震であり，前震はそれを予測する手がかりになる．余震は被災地の災害をさらに拡大することもあるが，本震の断層の広がりを予測する手段にもなる.

なお，本震・余震型の例として4.1節では兵庫県南部地震（1995年）をあげたが，このような典型的な系列からはずれることもよくある．たとえば，東北地方太平洋沖地震（2011年）は余震のかなりの部分が断層の外で起きた可能性がある．また，熊本地震（2016年）は本震・余震型ではあるが，群発地震の性質も兼ね備えている．これらの地震については4.6節で詳しくみる．

余震の頻度は統計法則を満たすことが知られている[24]．ある規模を基準にして，それより大きな余震の数nは次のように本震発生後の経過時間tとともに減少する．

$$n = \frac{N}{(t + t_o)^p} \tag{4.2}$$

(4.2) 式は改良大森公式とよばれる．この公式で定数t_oは0.1日前後の長さ，pは1.05など1より多少大きめの値をとる．定数Nは本震の大きさや対象となる余震の規模に依存する．

余震は不均質な断層で本震が解放し残した応力を調整する過程と理解されるが，発生機構の詳細は必ずしも明確でない．余震の発生機構については速度・状態依存摩擦則に基づく解析[29]があるが，ここでは4.2節で提示したモデルで摩擦法則を修正して簡単なシミュレーションを試みる．

4.2節では，断層の応力が強度を超えるとすべりが起きて応力が解放され，その直後にすべった部分が瞬時に固着して強度を回復すると考えた．しかし，強度の回復には接触する物質の変形，移動，再結晶などのために時間が必要であろう．この過程は物理現象としては複雑なので，ここでは簡単な数式で表現して，その効果を検討することにする（付録A3，図4.3 (b)）．

この数式では，強度はすべりが起こると短い時間t_aの間にεの割合だけ下がり，その後緩和時間τでゆっくりと回復して，元の値に戻ると仮定する．この数式を計算に適用するときは，強度の大きさには4.2節と同様にセル毎にばらつきをもたせるが，定数ε, τ, t_aはセルに共通の値を設定する．

強度の回復に時間がかかることが考慮されたシミュレーション結果の1例を図4.7に示す．図4.4と同様に，この図も計算された時間帯の1部である．(a) にはすべりを起こしたセルの位置（セル番号）を時間とともに記録し，(b) ですべりの累積量を時間の関数として描く．時間やすべり量は前と同じ単位で無次元化されている．

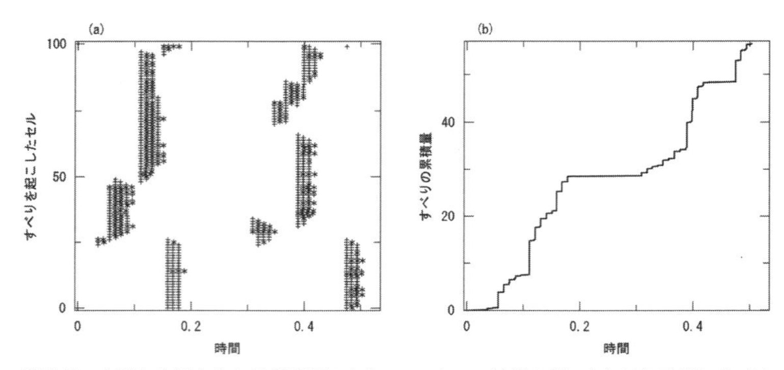

図4.7　本震と余震を含む地震系列のシミュレーション結果の例．(a) は各時間にすべりを起こしたセルの位置，(b) はすべりの累積量の時間変化を示す．(A3.5) 式の定数cは1に設定し，セルの強度は1のまわりに20%のばらつきをもたせる．強度の時間変化を記述する定数 ((A3.4) 式) は$\varepsilon = 0.9$, $\tau = 0.7$, $t_a = 0.01$とする．

この計算例では，すべりが時空間上で様々な広がりをとって連鎖してグループをつくる．各グループでは本震とみなされるすべりの連鎖（その広がりが本震の規模を表すと解釈する）が先行し，その後に余震とみられる一連のすべりが続く．余震と対応づけるすべりは時間とともに規模を縮小し，やがて消滅する．このようにして本震が余震を伴う事実が説明される．

計算例には前震とみられる活動が本震に前駆する場合もみられる．小さなグループが大きなグループに段階的に発達する場合もみられる．こうして，シミュレーションは前震，本震，余震の地震系列の発生に強度回復の時間変化が関与することを示唆する．この示唆の延長上で解釈すれば，深発地震で余震が少ないのは断層に加わる圧力が高く，強度の回復が早いためであろう．

このシミュレーションには不十分な点も少なくない．強度の時間変化を記述する定数がセルに共通なためか，余震の発生が特定な時間にまとまる傾向があり，そのために余震の規模を決めるのが難しい．モデルが元々1次元の断層を扱い，同じ大きさのセルをすべりの単位とすることも，観測事実などとの定量的な比較を妨げる．

地震の系列については，観測データからb値を見積もるような経験的な研究が多く，断層の不均質性と関係づけて発生過程を物理的に解明しようとする研究は少ない．この問題の究明が進んで地震予知に新たな展望が開けることを期待したい．

4.6 地震災害の最近の事例

日本が最近経験した地震の例として，東北地方太平洋地震（2011年）と熊本地震（2016年）を取り上げる．東北地方太平洋地震はプレート間地震，熊本地震は内陸地震である．

東北地方太平洋沖地震（2011年）

東日本大震災は，死者・行方不明者18,000人余りを出してここ数十年間で最悪の地震災害となった[10]．大震災の原因となった地震を気象庁は東北地方太平洋沖地震と命名した．地震のために東京電力の福島第一原子力発電所で炉心溶融の事故が起きたこともあり，地震の影響は長く尾を引いている．災害の主な原因は地震に続いて太平洋岸を襲った津波であるが，これについては第6章で考察する．

東北地方太平洋沖地震の本震は2011年3月11日14時46分に発生した．この地震のマグニチュード9.0は，近代の地震観測で記録されたチリ地震（1960年）の9.5，スマトラ沖地震（2004年）の9.1に次いで3番目である．日本ではそれまでマグニチュードが9クラスの地震が知られていなかったから，これはまさに未曾有の大地震であった．

本震と主な余震の震源（正確には震源を地表に投影した震央）を図4.8に示す．余震の震源域を囲った長方形で本震の断層を近似すれば，本震の震源はそのほぼ中央にあり，破壊はそこから周りに拡大したことになる．本震の震源とほぼ同じ場所で，前々日の9日にマグニチュード7.3，前日の10日にマグニチュード6.8の前震が発生しており，地震の準備は直前にも着々と進んでいたことがうかがえる．

本震はプレート間地震と考えられるので，その断層は海溝の陸側に限定されるはずである．ところが，図4.8では余震の震源はかなりの部分が海溝の海側にも広がっている．このことは余震が本震の断層面上で起こるとは限らないことを意味するのかもしれない．あるいは，本当の震源はすべて海溝の陸側にあるのに，海底に設置された地震計が少ないために震源がよく決まらなかっただけなのかもしれない．

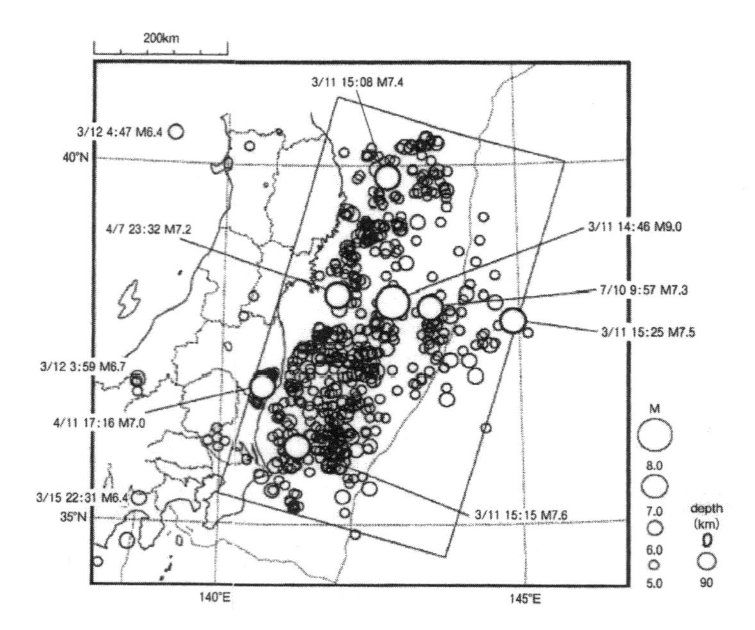

図4.8　東北地震太平洋沖地震（2011年）の本震と主な余震の震源（震央）の分布［10］（データは気象庁［30］）．余震は2011年に起きたものであり，その範囲を長方形で囲む．本震によって周辺で誘発された地震の震源も加えられている．海域に引かれた細い線は海溝である．

この地震による震度は宮城県北部や岩手県南部で最高値の7が記録され，宮城県，岩手県，福島県，関東北部にかけての太平洋沿いで6強が記録された．北海道や近畿地方にも震度が3や4の場所があり，地震はほとんど日本全国に揺れをもたらした．揺れが広範囲にわたったのは地震の規模がまさしく大きかったからに他ならない．

揺れが広域で認識されたわりに震度7の範囲が狭かったのは，震度の計測方法にも原因がある．木造住宅などへの影響を重視して，震度は周期が1秒程度の振動の大きさで決められる．ところが，地震は規模が大きくなるほどエネルギーを周期の長い波として放出するので，震度は必ずしも地震の規模を反映しない．長周期の地震計でみると，この地震には周期が50秒の振動も含まれ，その振幅は三陸の太平洋側で50cmに達した．

揺れによる建物の倒壊などは確かにあったが，それがあまり目立たなかったのは，津波に比べて被害が小さかったせいである．地震のエネルギーの担い手が長周期の振動に移ったことも，揺れによる建物の被害を抑えたはずである．長周期の揺れのために大きなビルが倒壊するような被害が出たら，事情は変わっていただろう．

断層の広がりやすべり量が大きかったために，陸の地盤も大きな変形を受けた．最も大きな変形が観測された牡鹿半島は，東に5.3m移動し，1.2m沈降した．地盤の沈降と東への移動は日本海側の陸地を含めて東北地方や関東地方などで広く観測された．プレート沈み込みの長期的な効果を考えれば，沈降はいずれ回復して隆起に転ずるはずであり，その傾向はその後の観測にすでにみられる．

地盤の大きな揺れや変形は他の現象にも波及した．本震発生直後の3月12日に長野県北部で長野県北部地震（マグニチュード6.7）が，3月15日に富士山の南山腹で静岡県東部地震（マグニチュード6.4）が発生した（図4.8）．これらは誘発地震とみなされる．また，東北地方の南部や関東地方の北部で微小な地震の頻度が顕著に増加した．さらに，秋田焼山や岩手山などの東北の火山に伊豆大島や箱根山などの周辺の火山を含めて，多くの火山で火山性地震の活動が一斉に活発化した．

この地震が地震予知に投げかけたのは「連動」の問題である．海溝沿いではプレート間地震が順次あちこちで発生して，長期的にはプレート境界にほぼ一様なすべりをもたらす．東北地方太平洋沖地震が発生する前の数十年間は宮城県沖に顕著な地震がなかった．そこで，近い将来そこで大きな地震が発生し，そのマグニチュードは過去の地震発生履歴から8程度と推測されていた．

ところが，実際に発生した地震は予想より大きく，マグニチュードが9.0であった．地震の断層も大きく，予想した地震の数個分の広がりをもった．いわば数個の地震が連動して一度に発生したわけである．地震予知の関係者は，地震の発生が迫っていることは予測できたものの，連動が見抜けずに規模の予測には失敗した．地震の規模を誤ったために，到来する津波の高さも過小評価した．

この経験を踏まえて，近い将来発生が予想される南海トラフ沿いのプレート間地震についても連動の可能性が考慮されるようになった．東海地震，東南海地震，南海地震などがすべて連動したときに起こる最大級の地震を想定して，揺れや津波への対応策が検討されている．

熊本地震（2016年）

熊本地震は，2016年4月14日に始まって熊本県から大分県にかけて多発した内陸地震である（図4.9）．一連の地震の内でマグニチュードが6を超えたのは，14日21時26分（マグニチュード6.5），15日0時3分（マグニチュード6.4），16日1時25分（マグニチュード7.3）に起きた三つの地震である[31]．特に14日と16日の地震は熊本県熊本地方（益城町など）で震度7の揺れを記録した．

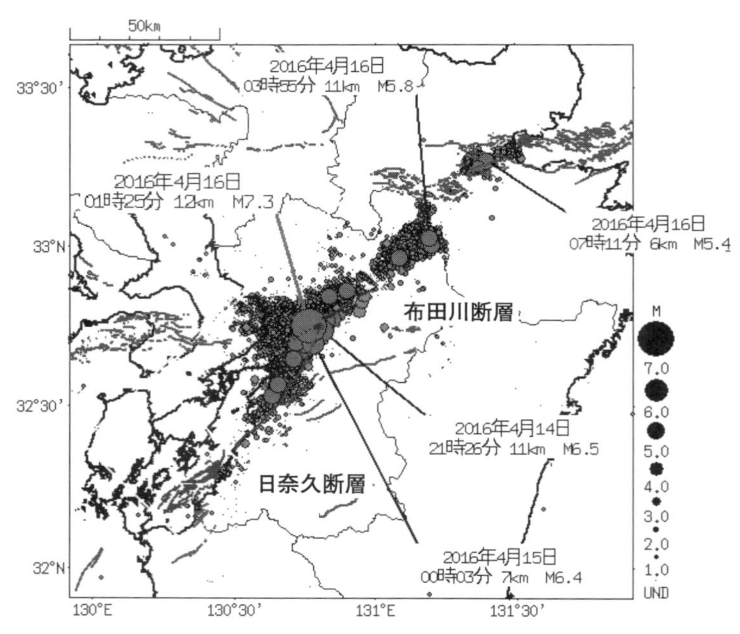

図4.9　熊本地震（2016年）の震源（震央）分布［31］．●の大きさはマグニチュードに対応する．主な地震については発生日時，震源の深さ，マグニチュードを数値で示す．

この地震では，揺れによって多数の家屋が倒壊し，崖崩れなどの土砂災害が発生した．倒壊した家屋の下敷きになったり，崖崩れに巻き込まれたりして225人の死者と3000人近くの負傷者が出た．また，災害を避けて20万人近くが避難所などに避難した．

マグニチュードが6以上の三つの地震は，二つの活断層，布田川（ふたがわ）断層と日奈久（ひなぐ）断層が交差する地点の付近に震源（断層すべりの開始点）が決まり，これらの地震の余震とみられる地震も2つの断層上の長さ約

40kmの範囲に分布した．震源分布の時間経過からみると，二つの断層の交差地点の付近から破壊はまず南南西側の日奈久断層方向に延び，ついで東北東側の布田川断層沿いに広がったようである．

地震のメカニズム解や地殻変動（GNSSおよび干渉SAR）の観測によれば，一連の地震のときに二つの断層で正断層成分をもつ右横ずれすべりが起きた．すべり量は3～4mであった．正断層成分が布田川断層沿いの地震に明確であったことから，地震を引き起こしたのは別府・島原地溝帯に卓越する南北方向の張力的な応力であったと推測される．

布田川断層と日奈久断層で初期に起きたマグニチュード6以上の三つの地震の後で，4月16日ころから阿蘇山北部と別府湾の内陸側に最大マグニチュードが5クラスの地震が相次いで発生した．これらの地震は，それ以前の地震とは震源分布に空間的な隔たりがあるので余震とはみなされず，通常の解釈をとれば誘発地震である．

地震の規模からみると，4月16日の最大地震が本震であり，14日と15日の地震はその前震である．この解釈は三つの地震の震源がほとんど重なることからも支持されそうだが，前駆する地震が日奈久断層沿いに，本震とみなされる地震が布田川断層沿いにすべりを広げたことは，本震と前震の通常の関係とは異なる．阿蘇山や別府付近の地震も含めて，地震が次々に誘発し合って一連の活動を起こしたとみる方が自然であろう．その意味では熊本地震は群発地震の性質をもつといえる．

地震活動を本震・余震型，群発地震，誘発地震などに分類するのはあくまでも便宜的な解釈である．地震災害からみると大きな地震ほど重要なので，最大地震を本震とみなして，それを中心に地震活動を整理するのは意味がある．しかし，現実の地震活動はもっと複雑で多様性に富むことを熊本地震は示唆する．

第5章 噴火予測と火山災害

マグマの上昇から噴火に至る過程を簡単なシミュレーションで調べて，噴火の基本的な性質を理解する．それを出発点に噴火や火山災害の多様性，噴火を予測する方法について考察を進める．さらに，最近の日本の噴火で死傷者が出た二つの事例について概要をみる．

5.1 噴火発生過程のシミュレーション

噴火は地下のマグマが上昇して地表に噴出する現象である．マグマの上昇がどのように噴火を導くのか，まず簡単なシミュレーションをしながら探ってみよう．シミュレーションの方法の詳細は付録A4に記述する．

シミュレーションは次のような状況を想定する（図5.1左）．噴火の原因になるマグマは初め深さ数kmのマグマだまりに静止している．マグマは上にのる岩石より密度が多少大き目なので重力的に安定である．そこにさらに深部からマグマの供給があり，マグマの圧力が高まる．圧力の高まりがある大きさに達したときに，マグマは真上に割れ目状の通路を伸ばしながら上昇を始める．

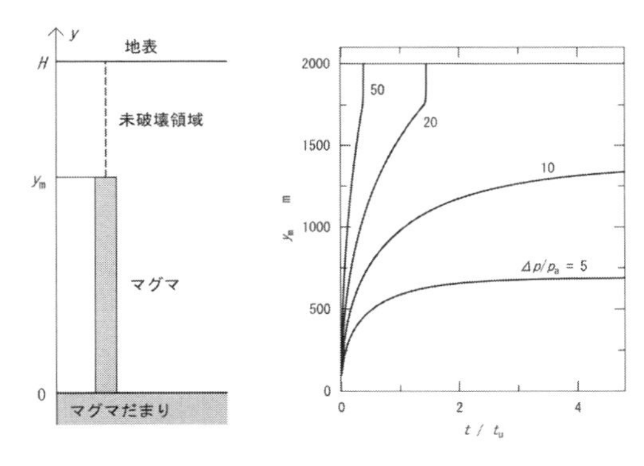

図5.1 マグマの上昇から噴火に至る過程のシミュレーション．マグマ上端の位置y_m（左）の時間変化をマグマだまりの圧力増分Δpの値に対応していくつか示す（右）．時間tは（A4.6）式のt_uを単位とし，Δpの単位p_aは1気圧（10^5Pa）である．計算に用いた定数（付録A4参照）はH = 2000 m, ϕ = 0.01, ρ_o = 2400 kg/m^3, ρ_c = 2350 kg/m^3, RT = 6.0×10^6 Pa.m^3/kg, p_d = 6×10^{10} Pa, γ = 1/2, ψ_f = 0.75である．

図5.1右はマグマ上端の位置y_mが時間tとともにどう変化するかを計算した結果の例で，計算はマグマが上昇を始めるときの圧力の高まり（圧力増分）Δpをいくつか設定して行っている．圧力増分の単位p_aは大気圧（1気圧）である．この図の縦軸は深さ2kmの上昇開始点を原点にして上向きにとった座標である．横軸の時間は（A4.6）式で定義されるt_uを単位に表記され，t_uの値はマグマの種類によって1時間程度から10日程度まで変わる．

計算結果が示すように，圧力増分が小さい内は，マグマは上昇を始めるものの通路は途中で拡大をやめ，上昇はそれ以上進まない．マグマが上昇を始めても噴火は未遂に終わるのである．圧力増分がある程度（この計算では$\Delta p/p_a$ = 12.7）以上になると，マグマははじめて地表に到達して噴出を続ける．上昇開始時の圧力増分の大きさによって，マグマは噴火を起こしたり起こさなかったりするのである．

マグマが地表に噴出する計算例では，マグマの上端がある深さで急に上昇を早めて一気に地表に到達することに注意しよう．$\Delta p/p_a$ = 50の場合について図5.2に上昇の最終段階の状況を拡大して示す．この図にはy_mと並べて変数$\psi_{\rm m}, \rho_{\rm m}, J$の時間変化が表示される．$\psi_{\rm m}$はマグマ中に気体がしめる体積の割合の通路上端での値，$\rho_{\rm m}$は通路上端でのマグマの密度，Jはマグマの流量（単位時間に各深さを通過する質量）である．なお，Jとしては実際にはJに比例するJ'（付録A4.6）が表示されている．

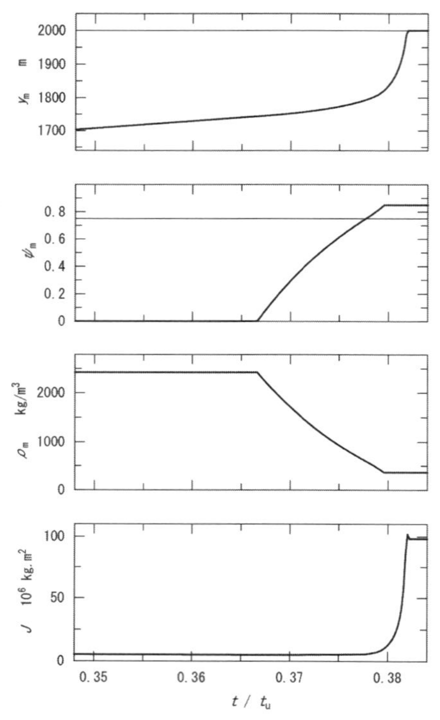

図5.2　シミュレーションで得られたマグマ上端の状態変化．噴火発生（y_mが2000に達したとき）の直前と直後の変化を，マグマ上端の位置y_m，マグマ中に気体がしめる体積の割合ψ_m，マグマ上端の密度ρ_m，マグマの流量J（実際には（A4.6）第1式のJ'）について示す．$\Delta p/pa$ = 50に対する計算結果で，定数は図5.1と同じである．

マグマが地表に接近したときに重要な役割を果たすのは，マグマ中に含まれる水蒸気などの揮発性成分である．その量は質量にして数%かそれ以下であるが，気体になると浅部では大きな体積をしめる．図5.1と図5.2の計算では揮発性成分の質量が液体部分の1%（ϕ = 0.01）であると仮定する．揮発性成分は深部での高い圧力下ではマグマにすべて溶解するが，マグマが上昇して圧力が下がると，溶解度も下がる（ヘンリーの法則）ために，発泡して一部が気体となる．上端で気体がしめる体積の割合がψ_mなのである．

この計算例では，揮発性成分の発泡はマグマの深さが300mよりいくらか浅くなったときに始まる．発泡が始まると，気体になった部分の膨張で密度が急に下がり始める．気体の部分は最初マグマに気泡として含まれ，マグマとほぼ同じ速度で上昇する．マグマは発泡による膨張に加速されて上昇を早める．

気体の体積が増大してマグマの液体部よりかなり大きくなると，液体部は気泡に挟まれて薄くなり，膨張する気泡の圧力に耐えきれずに壊される．このときに液体部は破砕されて細かい破片に分断される．破砕によって，マグマは気泡を含む液体の状態（気泡流）から，壊れた液体部の破片が気体に浮く状態（噴霧流）に転移する．

破砕がどのような機構で起こるかについては，理論計算や室内実験に基づく様々な議論がある[32]．噴出物の観察などから，破砕は気体の体積が70～80%に達したときに生じるとされるので，計算ではψが0.75を超えることを破砕の条件とする．

気泡流と噴霧流では流れ易さが大きく異なる．気泡流の状態では，マグマは高い粘性（10^3Pa.s程度かそれ以上）をもつ液体の構造を保つので，流れは両側の岩石から強い摩擦力を受ける．ところが，噴霧流は全体が気体なので粘性が極めて低く（10^{-4}Pa.s程度），摩擦力は実質的に0になる．そのために，破砕が起こると流量が急にふえ，マグマは上昇を加速しながら一気に地表に到達するのである．

なお，噴霧流の内部では，気体は粒子として浮く液体マグマより高速で流れてマグマから分離を進めると想定される．そのためにマグマ全体にしめる気体の体積はあまり大きくなれないはずで，図の計算ではψの最大値として0.85を設定している．

さて，上昇するマグマは内部がどんな状態にあるかを調べよう．マグマが地表から噴出する直前のふたつの時刻（$t/t_u = 0.370, 0.381$）と，噴出を始めた直後（$t/t_u = 0.382$）でマグマの圧力p，密度ρ，揮発性成分の体積比率ψの分布をyの全範囲について図5.3に示す．

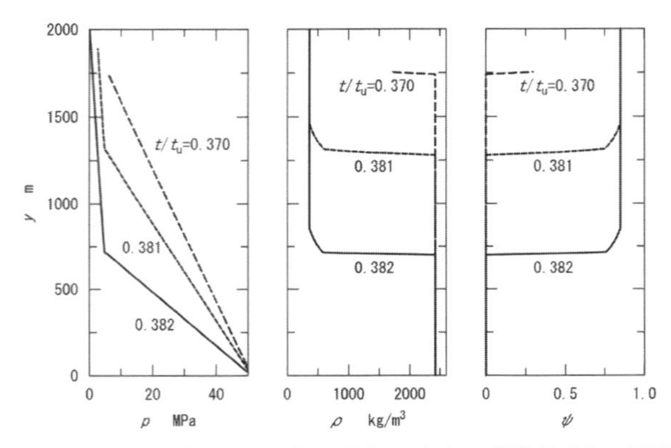

図5.3　シミュレーションで得られたマグマの圧力p，密度ρ，揮発性成分の体積比率ψの空間分布．マグマが地表から噴出する直前の二つの時刻（t/t_u = 0.370, 0.381）と噴出を始めた直後（t/t_u = 0.382）について示す．分布は$\Delta p/p_a$ = 50に対する計算結果で，定数は図5.1と同じである．

この図が示すように，内部の圧力分布は発泡が起こるまではほぼ一直線であるが，発泡が始まると折線になる．折線の分布では，圧力が折れ曲がる点を境に，高圧側（深い側）は揮発性成分がすべて溶解する状態，低圧側（浅い側）は揮発性成分の一部が気体になる状態である．気体を含むかどうかでマグマの密度が大きく変わるので，上部と下部で圧力勾配が不連続になるのである．

マグマが気体を含む状態は気泡流か噴霧流のどちらかになる．ここでは気泡流と噴霧流はψが0.75となる条件で分けるので，t/t_u = 0.370の場合には気体はすべてが気泡流に吸収されている．t/t_u = 0.381と0.382の場合には気泡流と噴霧流の領域に分かれるが，気泡流はyの狭い範囲で気体の体積を急速に増やしてすぐに噴霧流に移行する．いいかえれば，マグマは薄い気泡流を境に実質的には噴霧流と液体マグマに分離する．

時間がわずかに異なる三つの分布を比較すると，液体マグマと噴霧流の境界は極めて短い時間で深い側に侵入している．通路の上端が地表に到達すると，噴霧流の状態が深部に急速に広がって噴火を迎えるのである．この間にマグマの流量は数十倍に増大することに注意しよう（図5.2）．噴火の直前にはマグマの急上昇と流量の著しい増加があり，それは揮発性成分の発泡と噴霧流の発生が原因なのである．

噴火が開始した後は，マグマの噴出は定常状態に達して，マグマだまりの圧力が変化しない限り同じ状態を保持する．定常状態のマグマの噴出については多くのシミュレーションがなされており，地表に達する直前に噴霧流の流速が音速に達する場合についても解析がなされている[33]．

5.2 多様な噴火様式

ここまで，マグマの上昇から噴火に至る過程のシミュレーション結果を，揮発性成分がマグマ液体部に質量にして1%含まれる場合（$\phi = 0.01$）について検討してきた．このシミュレーションで揮発性成分の量を変えたら，結果はどうなるだろうか．それを調べながら噴火の発生様式について考察を進めよう．

揮発性成分が全く含まれない条件でシミュレーションをしてみると，マグマだまりの圧力増分があるしきい値より大きくなったときに，マグマはやはり地表に達して噴出する．当然のことながら，この場合には上昇過程で発泡は起こらず，マグマは液体のまま噴出する．地表に近づいたときに上昇が加速されることもない．

実際の噴火にも，マグマが破砕されて激しく噴出する噴火の他に，マグマが液体のまま溶岩として穏やかに噴出する噴火がある．この2種類は噴火の基本的な噴出形態であり，シミュレーションはそれがマグマに含まれる揮発性成分の量で分かれることを示唆する．実際には，液体状態で噴出する溶岩は気泡を含むことが多く，マグマが気泡流の状態で噴出したと判断される．

ところが，地表から気泡流が噴出する噴火はこのシミュレーションでは容易に再現できない．揮発性成分の量を実際の溶岩で計測される多くの値よりずっと少なくしても，地表からは噴霧流が出てしまう．地表の圧力（1気圧）は地下のマグマに働く圧力より極端に小さいので，深部でマグマに溶解する揮発性成分がごく微量でも，マグマは地表に達する直前に発泡してすぐに噴霧流になるのである．

シミュレーションが気泡流の噴出をうまく表現できないのはなぜだろうか．通常想定される理由は，計算で揮発性成分がいつも液体マグマと一緒に移動すると仮定されている点である．実際には，揮発性成分は気泡流の状態でマグマの内部をかなり自由に移動でき，多くが噴出前にマグマから抜け出すのであろう．揮発性成分がマグマから抜け出す効果は脱ガスとよばれる．

マグマ中で揮発性成分の脱ガスが効率的に進むと，マグマに含まれる気体の体積は増加が抑えられ，気泡流は噴霧流に簡単には変われない．そのために，気泡流が地表から噴出する可能性も高まるのである．実際にシミュレーションに脱ガスの効果を取り入れると，気泡流が噴出する条件が広がって，噴出条件を噴霧流と分かつようになる[34]．

この考えに立てば，マグマが液体の溶岩として噴出するのか，破砕されて気体状態の噴霧流として噴出するのかは，元のマグマに揮発性成分がどれだけ含まれるかよりも，上昇途上で気体がマグマからどれだけ逃げ出すかにかかっている．溶岩の噴出は玄武岩質マグマなどの流動性の高いマグマによく見られるが，それはマグマの流動性で気体成分が移動しやすくなるためと理解できる．

ただし，マグマの内部を気体がどのような過程で移動して脱ガスを起こすかは，明瞭には理解されていない．気泡がマグマの内部を移動する可能性もあるが，噴出したマグマ中に気体の通路とみられる部分が観察されることから，気体が気泡間をつなぐ微小な通路を通るとする考えもある[35]．

要約すれば，噴火には液体の溶岩を穏やかに流出する非爆発的な噴火と，破砕されたマグマの破片を激しく噴出する爆発的な噴火がある（図5.4）．爆発的な噴火は噴出の仕方からさらに細分される．これらの噴火様式は経験的に得られた特徴から分類され，火山名などがつけられている．現実の噴火には通常複数の特徴が混在し，火山名のつけられた火山でもそのタイプの噴火だけが起こるわけではない．

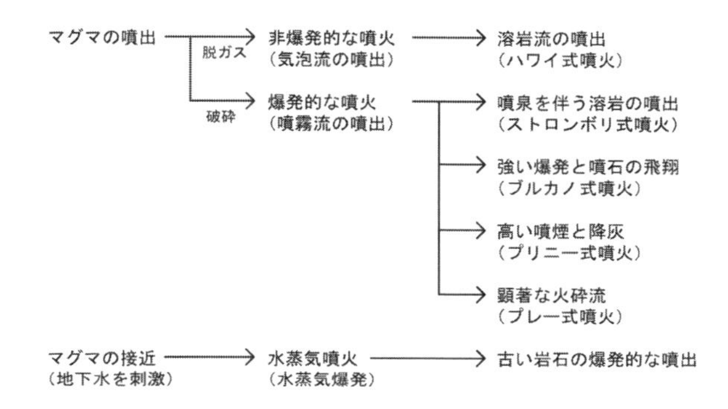

図5.4 噴火様式の分類．噴火はマグマが噴出するかどうかでまず分け，マグマが噴出する場合は，噴出するのが破砕されない気泡流か破砕された噴霧流かでさらに分ける．噴火様式には慣例で火山名などがつけられている．

爆発的な噴火のうちで，溶岩噴泉を上げて弱い爆発を周期的に繰り返すのがストロンボリ式噴火，強い爆発を起こしてマグマの大きな破片を噴石として飛ばすのがブルカノ式噴火である．噴霧流になった細粒の破片を噴煙としてほぼ定常的に上げるのがプリニー式噴火である（プリニーは火山名でなく人名である）．噴煙は重いと火砕流として流下するが，火砕流を顕著に出す噴火がプレー式噴火である．

ストロンボリ式噴火は，玄武岩質マグマなどの流動性の高いマグマの噴出でよくみられる．溶岩流を流出するハワイ式噴火も，噴出地点では溶岩噴泉を上げることが多いから，ハワイ式噴火とストロンボリ式噴火は明確には区分できず，ともに流動性の高いマグマの噴出を特徴づける噴火様式であるとみなす方が適切である．

プリニー式噴火とプレー式噴火を区分するのは噴出後の噴霧流の重さである．噴出した噴霧流はまず火口からの噴出速度で上昇を始めるが，すぐに周辺大気との密度差で正か負の浮力を受け，それに制御されるようになる．マグマの破片を粒子として含む分だけ重くなるが，高温の粒子が気体を温めて膨張させるために軽くもなる．そこで，熱膨張の効果が勝れば噴煙として上昇を続け，粒子の重さの効果が勝れば火砕流に転じて流下することになる．

実際に噴霧流が浮力を獲得できるかどうかは，温める材料となる気体を上昇時に周辺大気からどれだけ取り込めるかにかかっている．噴煙の境界はもくもくと渦を巻くが，この渦を通して空気の取り込み（エントレイン）が進行するのである．なお，火砕流は地面に沿って流れてから上昇に転ずることがある．これは火砕流が流下過程で粒子を地面に堆積して軽くなるためである．

ここまでマグマの噴出について述べてきたが，噴火にはマグマそのものは噴出せず，古い岩石の破片が爆発的に噴出する水蒸気噴火(水蒸気爆発）もある．水蒸気噴火はマグマが地下水や海水に接触するときに起こる．また，マグマから熱や揮発性成分が地下水に供給されることが原因になることもある．

図5.4でとりあげた噴火の分類は経験的な要素が強く，区分には噴出する物質の種類や密度，破片の大きさ，爆発の強さ，定常性・周期性・突発性などの時間変化の特徴が混在して用いられている．これらの要素はもっと体系的に整理されるのが望ましいが，その考えに立脚する分類は試みが少なく，この古くからの分類が今も広く使われている．

多様な噴出様式をシミュレーションで再現する技術も未発達である．シミュレーションの基礎になるマグマ中での気体成分の移動，気泡流から噴霧流に転移する破砕過程の詳細など，マグマの上昇過程を定式化する上で必要な物理的な理解が固まっていないからである．

5.3 噴火の予測

地震や噴火の発生予測には現象に前駆する各種の前兆現象が用いられる（2.4節）．噴火の前兆現象としては，地震観測で得られる火山性地震や火山性微動，火山体の膨張などの異常な地殻変動，電磁気観測で得られる岩石や地下水の温度などの異常，火口や噴気孔から噴出する火山ガスの温度上昇や化学組成の変化などがある．

噴火の前兆現象は発生原因がマグマの蓄積や上昇過程と関係づけて理解されている．しかし，類似な異常が噴火を伴わずに出現することもあるので，異常が確かに噴火の前兆であることを見極める必要があり，それを誤ると予測は空振りに終わる．現状では，この見極めの技術が確立されていないために，観測で異常が見つかっても多くの場合に自信をもって予測情報を出すことができない．

異常現象の判断について，マグマ上昇過程のシミュレーションから何が学べるだろうか．まず，図5.1によれば，マグマは上昇を始めても，地下からマグマを押し出す圧力が不足していれば，地表からは噴出しない．マグマの上昇のために異常現象が生じても，その後に噴火が続くとは限らないことが改めて示唆される．

それでは，噴火が発生する場合としない場合で上昇過程にどんな違いがあるのだろうか．図5.1をみると，マグマが地表に到達しない場合には，上昇は次第に減速して最終的には停止する．マグマが地表から噴出する場合には，マグマの先端は地表に接近すると上昇を急速に加速して一息に噴火を導く．マグマの上昇が噴火に至るかどうかは，上昇が加速されるかどうかで判定することができる．

マグマの上昇が加速される場合には，様々な異常現象の活動も活発化すると期待される．たとえば，マグマの周囲には歪みが急速に広がって火山性地震が頻発するだろう．また，地殻の歪みが地表に及んで，隆起，沈降，伸縮などの地殻変動にも顕著な変化が表れるだろう．異常現象が活発化に向かうかどうかは，噴火の前兆であるかないかを判断する上で重要な指針になるはずである．

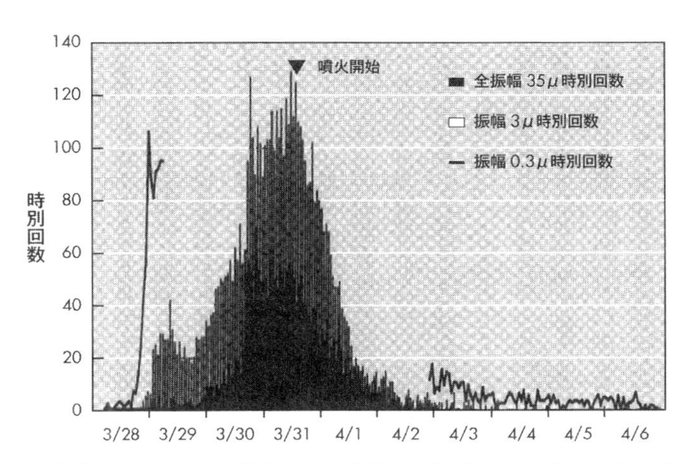

図5.5 有珠山2000年噴火の発生前後に観測された火山性地震の頻度の時間変化 [8]（気象庁資料）．表示期間（横軸）は2000年3月28日〜4月6日である．縦軸は火山近傍の観測点で記録された1時間あたりの地震の回数で，振幅の大きさでさらに3段階に分ける．折れ線で示される小振幅の地震は頻発すると数えきれなくなった．噴火は地震の頻度が増加した3月31日に開始した．

噴火の直前に火山性地震の頻度が増大することは，多くの火山で実際に観測されている．たとえば，2000年3月31日に開始した有珠山の噴火のときは，その4日前から有感地震を含む火山性地震の頻度が著しく高まった（図5.5）．火山性地震の活動が最大になったころに噴火が始まったのである．この観測データに基づいて，噴火発生の可能性が高まったとする予測が噴火の2日前までに気象庁から段階的に発表され，それを受けて噴火の発生時には周辺住民の避難が完了していた[10]．

前兆現象の性質をさらに詳細に調べるために，図5.2を改めて見直してみよう．上昇の加速はマグマの上部で発泡が始まるとき（ψ_mが正になるとき）に始まる．しかし，加速が著しくなるのはマグマの上部が破砕されて噴霧流ができるとき（ψ_mが0.75を超えるとき）である．噴霧流が生ずると，マグマの流量は急速に増大し，マグマの先端は一気に上昇を速めて地表に達するのである．

この計算結果から，破砕されたマグマが噴出する爆発的噴火は，発泡だけが生じて気泡流が噴出する非爆発的な噴火に比べて，噴火発生前に上昇の加速がはるかに顕著に進むと予想される．噴火前の異常現象は，爆発的な噴火のほうがずっと明確で短時間に集中するはずなのである．

噴火前の異常現象の表れ方が爆発性の違いでどう変わるのか，1986年に発生した伊豆大島の噴火を例に検証しよう．伊豆大島では1986年11月15～19日に山頂火口から溶岩が穏やかに流出した[36]．その直後の11月21日に山頂から北西山腹にかけて突然割れ目が開いて，そこから高さ10km以上の噴煙を上げる爆発的な噴火が発生した．

最初の山頂噴火のときは，噴火の4か月ほど前からほぼ一定の時間間隔で火山性微動が発生し始めた．同じころから火口周辺で岩石の電気抵抗が減少して温度の高まりが示唆され，火口から噴出する噴気にも温度の高まりとマグマ起源と思われる気体成分の増加がみられた．

一方，11月21日の割れ目噴火のときは噴火開始の2時間ほど前から前兆的な激しい活動が始まった．有感地震を含む振幅の大きな火山性地震が頻発し，地震波形の記録は地震を個別に判別できないほど黒く塗りつぶされた．同じころから急激な地殻変動が進行し，島内ばかりでなく数十km離れた伊豆半島の体積歪計にも顕著な変化が記録された．事後の調査で島内に60 cmを超える沈降がみられた場所もある．

この事例では，溶岩噴出を起こした最初の山頂噴火でマグマは数か月かけて火口まで移動したが，次の爆発的な噴火ではマグマは数時間の間にいっきに地表まで到達したと推定される．山頂噴火の前には顕著でなかった火山性地震や地殻変動は，爆発的な噴火の直前には観測者がとまどうほど激しいものになった．爆発的な噴火の前には，溶岩噴出よりずっと顕著な異常現象が短時間に集中して起きたのである．

このような前兆現象は，伊豆大島では実際の噴火予知にうまく活用できなかった．最初の山頂噴火については，噴火の発生こそ事前に警告できたものの，マグマの蓄積が大量に進んでいることが把握できずに，噴火は小規模にとどまるだろうと誤った判断を下した．次の山腹噴火のときは，突然始まった異常現象に意表をつかれ，予測情報の発信が何もできない内に噴火が始まってしまった．

2000年の有珠山の噴火も磐石な体制で予測できたわけではない．火山性地震が頻発しても噴火が起こらない事例は，どこの火山にも山ほどある．有珠山の場合は，噴火発生時以外に火山性地震が顕著に頻発することが観測開始以来なく，有感地震を含む激しい地震活動は噴火の前兆であることを強く印象づけた．とはいえ，有珠山でなぜ火山性地震と噴火の間に相関が高いのか，理由が明瞭に解明されていたわけではなく，予測の成功が保証されていたとはいえない．

噴火が確実に予測できなくても，火山の活動が高まって噴火の恐れが強くなっていることは各種の火山観測から予測できる．日本では，十分な観測データが得られる38の火山については活動状態が1～5の噴火警戒レベルで表現されて気象庁から発表される．噴火警戒レベルが1は平常の状態，2と3は火口周辺のある範囲で入山が規制される状態，4と5は避難の準備や避難が必要になったと判断される状態である．

火山の地下の状態がもっと正確に把握できるようになれば，噴火予知の確実さはずっと改善されるだろう．予知の正確さを上げるために，シミュレーションももっと有効に活用できるはずである．

5.4 火山災害

噴火様式が多様なので，火山災害の内容も多様になる．ここでは火山災害を「噴出物の浮遊や降下による災害」，「噴出物などの流れによる災害」，「物理的な衝撃や変形による災害」，「二次災害」に分けて考える（表5.1）．この分類は災害の特徴に着目して類似な災害を集めたもので，図5.4でのべた噴火の分類には必ずしも沿っていない．

この分類は災害の原因が噴出物などの物質か，物理的な変動か，これらの現象から二次的に導かれるものかを基準にする．その内で物質が原因になる災害は重要なので，物質が大気中に上昇する場合と地表を流れる場合にさらに分ける．物質の移動がこのどちらの形態をとるかによって，災害の性質が異なるからである．

噴出物が大気中を上昇して起こす災害は，噴出物が広い範囲に浮遊して降下するために影響が広域に及ぶ．特に，噴煙とともに上昇した火山灰は風に乗ってずっと風下にまで堆積する．火山灰が高く上昇すると，温帯では偏西風

表5.1　火山災害の分類。

災害の区分	原因	主な災害	付記
噴出物の浮遊や降下（噴出物が上昇）	爆発で生じた噴石	死傷、建造物の破壊	直撃で被災
	火山灰などの降下	建造物や農地の荒廃	広域に影響
	火山灰の浮遊	航空機の飛行障害	広域に影響
	成層圏の微粒子	気温の降下	全世界に影響
噴出物などの流れ（噴出物が流下）	溶岩流	建造物や農地の壊滅	高温で低速
	火砕流	生命や建造物の破壊	高温で高速
	泥流、土石流	生命や建造物の破壊	高速で破壊力大
	有毒な火山ガス	呼吸困難、窒息死	噴火以外でも被災
物理的な衝撃や変形	爆発に伴う衝撃波	建造物や樹木の倒壊	高速
	爆発音	窓ガラスなどの破壊	高速
	火山性地震	揺れによる破壊	噴火前にも発生
	地殻変動	建造物の変形や破壊	遅い進行
二次災害	津波、洪水	居住地の流失	大災害の実績多
	疫病、飢饉	地域の荒廃	長期的な影響

に流されて火山の東側に広がる傾向が強い.

地表に降下した火山灰は，建物に厚く積もると重みで建物を押しつぶして人間を死傷させる．また農地を覆って農作を妨げ，道路，線路，電線などに積もって交通や通信を遮断する．上空を漂う火山灰は航空機の航行を妨げる．大規模な噴火で噴煙とともに成層圏まで運ばれた硫黄成分は，水に溶けて細かい液滴（エアロゾル）になり，数年間日射を妨げて世界中の気温を0.3℃程度まで下げることがある.

最も危険な火山災害は噴出物などが地表に流れをつくる場合に起こる．流れの内で溶岩流は通過した範囲で建物，農地，道路などを完全に破壊するが，流速が遅いので人間が巻き込まれて死傷する恐れは低い．しかし，高速で流下する火砕流や泥流は，接近に気づいても逃げるのが難しく，多数の死傷者を出すことがある．特に，火砕流は流動性が高いので，移動速度が高速道路を走る自動車なみにもなる

火砕流が地表を移動するときは，噴出物の破片を濃く含む本体に先行して，ほとんどが気体からなる火砕サージがまず通過する．火砕サージは破壊力が弱いが，高温なので生物を瞬間的に焼き殺す力をもつ．火山で誘発される泥流には，積雪が火砕流で融かされて種になるもの（融雪泥流），降り積もった火山灰が降雨で流されるものなどがある．いずれも多量の土砂を含む水の流れは破壊力が強い.

火砕流や泥流が市街地を襲うと，多数の死傷者の出る悲惨な大災害になる（2.6節）．日本では，浅間山の天明の噴火（1783年）で火砕流が泥流を誘発し，鎌原村などを埋め立てて460人以上の死者が出た．また，磐梯山では1888年に水蒸気爆発がきっかけになって山体が崩壊し，流下した土砂が村落を襲って477人の死者を出した.

物理的な原因で起こる災害には，噴火時の強い爆発で音波や衝撃波が発生して窓ガラスを壊したり，建物や森林をなぎ倒したりする災害がある．火山性の地震には，マグニチュードが6程度になって揺れによる被害を出すものがある．マグマの粘性が高い場合には，上昇に伴う大きな変形が建物や道路を破壊することもある.

二次災害で重要なのは津波と飢饉であり，ともに噴火以外の原因でも起こる（2.5節）．噴火との関連では，津波は大規模な海底噴火が発生したり，山体崩

壊で生じた大量の土砂が海に流入したりするときに発生する．飢饉が起こるのは，火山灰が農地を広範囲に覆って地域の農作を破壊するときである．これらの二次災害は，しばしば噴火が直接引き起こす災害より大規模で深刻なものになる．

火山災害の原因となる現象は，噴出物の移動に関連する問題などがシミュレーションの題材になっており，ハザードマップの作成にも活用されている．以下にいくつか例をあげよう．

溶岩流は流下とともに冷却を受けるので，固化した部分が流れに混在して内部構造がかなり複雑になる．しかし，流れが重力と地形に強く拘束されるので，構造の詳細を考慮しなくても流下範囲などのシミュレーションができ，簡易な計算手法がいくつか開発されている．泥流についても同様で，適当な相互作用をする粒子群の流れなどで近似して計算するプログラムが開発され，予測に使われている．

噴煙と火砕流については，噴出軸のまわりに対称な定常的な上昇流で噴煙がモデル化され，基本的な性質が明らかにされている[33]．解析は噴煙に取り込まれる空気の量が噴出速度に比例するとする実験事実（エントレイン仮設）を基礎にして，噴煙が上昇時に周囲から十分な量の空気をとりこめないと浮力を失って火砕流になることを表現する．

エントレイン仮説を実証する意味もこめて，噴煙の上昇過程を乱流の流体力学に基づいて直接計算する研究も始まり，シミュレーションは噴煙の広がり方や噴煙から火砕流がこぼれ落ちる現象を再現した[37][38]．しかし，解析結果を得るのに大型コンピュータを用いた長時間の計算が必要なことから，降灰などの実用的な予測にはもっと簡易な方法が用いられる．

降灰の予測には風の効果を考慮することが不可欠である．そこで，噴煙から放出されると想定される様々な大きさの噴出物を火口の直上に分布させ，それを大気の運動に乗せて移動させる手法が開発された[39]．この手法は天気予報に使われる大気運動の計算と組み合わされて，気象庁が降灰予測に用いている．同様な手法はtephra2やfall3dなどのフリーソフトにも採用されている．

火砕流の予測には泥流と同じ手法がしばしば用いられる．しかし，火砕流は泥流ほど地形に強く拘束されず，地形の起伏が多少あっても乗り越える．このような特徴を表現する簡易な計算手法はまだ確立されていない．

5.5 最近の日本の火山災害

ここ数十年間に日本の火山災害で死傷者を出したのは，雲仙岳の噴火（1991～1995年）と御岳山の噴火（2014年）である．この二つの噴火について概要をみる．

雲仙岳の火砕流

雲仙岳は複数の溶岩ドームからなる火山で，歴史上では1663年と1792年に溶岩流を出した．1990～1995年の噴火はこの二つより規模が大きく，$2\times10^8 m^3$の溶岩を噴出して新しい溶岩ドーム（平成新山）を築いた．噴火の規模（VEI 4）は桜島，富士山，浅間山などで発生した日本の歴史上の大噴火と肩を並べる．

一連の噴火は1990年11月に水蒸気噴火で始まり，翌年の5月20日に溶岩が地表に顔を見せた．粘性が極めて高いデイサイト質溶岩は，ゆっくりと噴出して噴出地点の近傍に累積し，溶岩ドームを成長させた．溶岩の噴出は3年半余りにわたって継続し，溶岩ドームの成長は火山の周辺からも観察できた（図5.6）．

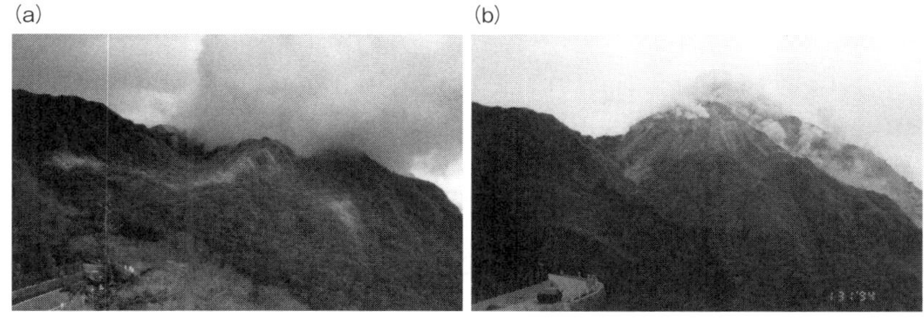

図5.6　雲仙普賢岳の溶岩ドームの成長．南東側の展望台から見る．(a) 溶岩の噴出が開始してからほぼ半年後（1991年12月12日）の状態．写真のほぼ中央に成長を始めた溶岩ドームがあり，その右手前に火砕流の流下した跡（明るい部分）が見える．(b) 2年半余りの成長によって巨大な姿でそびえ立つ溶岩ドーム（1994年1月31日）．

溶岩ドームが成長する過程で，累積した溶岩の一部が重力不安定で斜面を何度もころげ落ちた．このときに溶岩に閉じ込められた気泡が爆発し，溶岩は崩落しながら破砕されて火砕流になった．このような火砕流は噴煙が上昇できずに崩壊する通常の火砕流（スフリエール型）と発生過程が異なるので，メラピ型とよばれる．溶岩ドームの成長とともに火砕流は頻繁に発生し，東側の水無川に沿って流下した．

溶岩の噴出が始まってから10日余りたった1991年6月3日に，火砕流のために43人の死者が出た．被災したのは，水無川沿いの高台で足下を通過する火砕流の写真撮影などをしていた報道関係者や外国人火山学者と，彼らに足を提供したタクシー運転手だった．たまたま比較的規模の大きな火砕流が起き，火砕サージが高台まで上ってきて．居合わせた人々を焼死させたのである．

溶岩ドームの成長で火砕流はやがて火口の北東側にも流下するようになり，1993年6月にはさらに1人の死者が出た．死者の出た2箇所の場所は立ち入りが規制されていた範囲内にあり，被災は被災者の側に責任があるといえる．この災害が発生するまで火砕流の存在や恐ろしさが一般の人々に知られていなかったので，火砕流に対する警戒心が欠けていたことも否めない．

一連の噴火の前には火山性地震の震源が西側から火山の側に移動する傾向がみられ，火山性微動も観測された．これらの観測データから火山関係者は噴火が起きてもおかしくない状態にあると認識していたが，噴火の発生に確信がもてずに公式の警戒情報は社会に出されなかった．

御岳山の水蒸気噴火

御岳山では2014年9月14日の正午ころに山頂付近で水蒸気噴火が起きて，登山者など58人が噴火に巻き込まれて死亡した．この火山では1979年と2007年に類似な水蒸気噴火が発生したが，マグマを噴出する噴火は歴史に記録されていない．2014年の噴火は噴出量が5×10^5m^{3}程度，噴煙高度が山頂から2000m余りと見積もられ，水蒸気噴火の中でも規模が特に大きなものではない．

2014年の噴火は山頂西斜面の噴気地帯から噴煙を上げた．火山の南東側に設置されたビデオ・カメラの映像によると，噴煙は火砕流として西側の山腹を2kmほど流下してから上空に上った．樹木が焦げた跡などが残されなかったことから，火砕流は低温であったと推測される．被災した人々は，山頂付近で噴石の直撃を受けたり有害な火山ガスを吸ったりしたために死亡したと考えられる.

噴火で多数の死者が出たのは，紅葉の季節で多くの登山者が観光目的で山頂付近に登っていたためである．気象庁から出される噴火警戒レベルは平常時を示す1であり，山頂周辺には立ち入り規制などの措置はとられていなかった．登山者は全く警戒心をもたずに火山に入り，噴火に突然遭遇して被災したのである.

水蒸気噴火は一般に前兆現象が乏しく，事前に発生を予測するのが難しいといわれる．しかし，2014年の噴火では発生の2週間ほど前から火山性地震の増加が観測されていた．また，噴気量が増加し噴気の臭いが強まったという登山者の証言もある．このような情報を可能な限り災害防止に活かすために，気象庁はこの火山災害を受けて噴火速報の発表を始めた.

第6章
津波は大災害の原因

深刻な大災害を過去に何度も引き起こした津波について，簡単なシミュレーションを用いて発生や伝播の物理過程を究明する．シミュレーションの例題には東北地方太平洋沖地震（2011年）の津波を取り上げて，その性質を改めて考える．さらに津波の予測方法を検討して，改善の方策を探る．

6.1 津波の発生と伝播

何らかの原因で海面の高さが変化すると，それをならそうとする重力の働きによって，高さの変動が波として海面上を伝播する．これが津波である．津波は池に小石を投げ込んだときに周囲に広がる波紋と同じ物理現象である．津波の伝播は，原因となる海面の変動と海の深さが設定されれば，ほぼ正確に計算できる．

津波の伝播を計算するためによく用いられるのは浅水波理論である．浅水波理論は変動の水平方向の変化の波長が水深より十分に大きいときに成立する近似である．本章で取り上げる津波の例題も浅水波理論で解析する．浅水波理論による計算方法の詳細は付録A5に記述する．

津波の多くは海底の下で起こる地震で生み出されるが，顕著な津波を誘発するような地震は断層が数十km以上の大きさなので，変動は数km程度の海の深さよりゆったりと変化する．そこで津波の計算に浅水波理論が適用できるのである．ただし，変動の内で変化の激しい部分や，海岸の近くに達したときの変動は，浅水波理論では正確に計算できない．

この節では，解析の簡略さや計算結果の表示のしやすさを考慮して，津波が特定な方向に1次元的に伝播する例題を扱う．実際の津波は2次元の海面を伝播するが，初期変動や海底地形の分布が海岸線とほぼ平行なときは，海岸線に垂直な1次元の伝播で津波の性質を近似できる．2次元の伝播のもつ基本的な特徴については次節で考察する．

身近な例題として2011年の東北地方太平洋沖地震（4.6節参照）で発生した津波を取り上げ，シミュレーションはそれと関連をもたせる．海底地形は東北地方の東側に広がる太平洋の海底に似せ，津波の原因には沈み込み帯のプレート間地震を想定する（図6.1）．この津波は1次元的な伝播で基本的な性質が表現できるが，後続波などの議論には2次元的な考察が不可欠である．

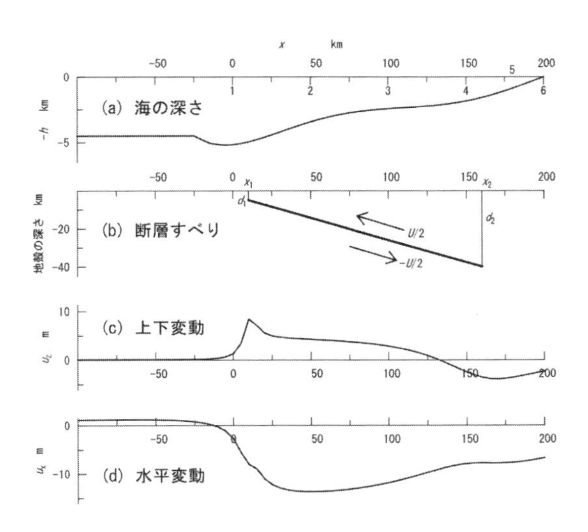

図6,1 東北地方太平洋沖地震（2011年）を原因として想定する津波の1次元的な伝播の計算条件．(a) は水深hの分布で，東北地方の太平洋側の海底地形に似せる．ここでxは海溝を原点に海岸に向けてとった水平方向の座標であり，数値は図6.3で海面の時間変化を表示する視点の番号である．(b) は地震の断層すべり (x_1 = 10km, d_1 = 5km, x_2 = 160km, d_2 = 40km, U = 20m) を示す．(c) は断層すべりで生じる海底の上下変位（隆起を正とする）u_z，(d) は水平変位u_xである．津波の原因となる海面の初期変位はu_zと同じであると仮定する

海面の初期変動は，プレート間地震によるすべり，すなわち海溝から陸側に低角で沈み込む断層面上で上側が下側に対して海溝方向にすべることによって生ずる（図6.1（b））．シミュレーションに使われた断層は，沈み込み境界の深さをおおまかに考慮して，海溝と陸の間のかなり広い範囲においた（図6.1の説明参照）．また，すべり量は地震のマグニチュード9.0にみあう大きさとして20mとした．

海底に生ずる変形は半無限一様弾性モデル（海底を無限に広がる平面で，地下を一様な弾性体で表現するモデル）を用いて計算した．計算には解析解[40]が使われ，弾性体のポアソン比は0.27とした．

海底の上下方向と水平方向の変位について計算結果を図6.1（c）と6.1（d）に示す．断層すべりによって海底は断層の真上を中心に海溝の側（xの負の側）に引っ張られる．上下方向の変位は上側のすべりの前方で隆起，後方で沈降になるが，分布の詳細は断層の深さや傾斜角に依存する．この場合は断層の最浅部がかなり浅いので，その真上に隆起のピークがみられる．

津波を生み出す海面の高さの初期変動には，海底の上下方向の変位（図6.1（c））と同じものを用いる．海底の変動は広範囲にわたり，地震の発生時にほぼ瞬間的に生み出されるので，海水はその間に水平方向に移動する暇がなく，海底の変動に合わせてほぼそのまま上下すると考えるのである．

この初期変動を受けて海面の高さ分布がどう変わるのか，時間を追って計算結果を図6.2に示す．高さのピークに着目すると，ピークはまず海側と陸側に分離して，あまり形を変えずに伝播を始める．陸に近づくと水深が浅くなって伝播速度が遅くなるために，ピークの形状は高く狭くなる．ただし，ピークの陸側の変動が海岸線で反射して重なり合うために，この傾向は必ずしも顕著ではない．海岸付近で海面が次第に高くなるのも，水深が浅くなる影響である．

視点を空間に固定して，海面の高さの時間変化を追ったのが図6.3である．視点6点の位置は図6.1（a）に番号で記す．海面の高まりのピークは視点が陸に近づくにつれて系統的に遅れるが，波形全体の形状は，陸寄りの変動が反射して重なり合うために，視点によってかなり異なる．視点5（x = 180km）で遅れて現れるもう一つのピークは，最初のピークが海岸線で反射して戻ってきた波である．

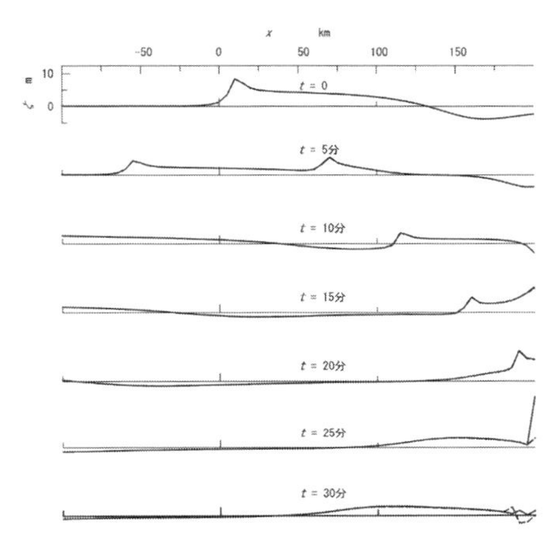

図6.2 地震が発生してから時間tが経過したときの津波の波高ζの空間分布．波高のスケールはすべての図で共通である．海岸線での境界条件を記述する傾斜角θは，実線が海底地形と同じ2.6°に，破線が45°に設定する（(A5.8) 式）．

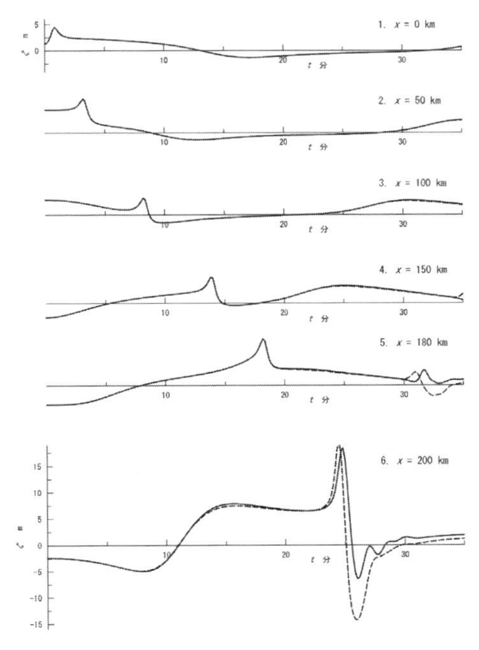

図6.3 空間に固定した視点でみる津波の波高ζの時間変化．視点の位置は6.1（a）に記した番号と座標xで示す．波高のスケールはすべての図で共通である．海岸線での境界条件を記述する傾斜角θは，実線が海底地形と同じ2.6°に，破線が45°に設定する（(A5.8) 式）．

海岸線は視点6（$x = 200$ km）の位置にある．ここでは海面の変動が遠洋よりかなり大きい．初期（tが11分以下）に海面が下がるのは，断層すべりによって海岸の近傍で海底が沈降するためである．ただし，$t = 0$では海岸も一緒に沈降するので，海岸線でみる海面の高さはその分を補正して0から始まる．初期段階を過ぎると，海面は高い状態を保ってから約25分後に鋭い高まりのピークをつくり，直後に急降下する．

一連の計算には津波に対する海岸線での境界条件が影響する．計算では，海岸線で海面が陸より下がるときは海面変化量に比例して海岸線が海側に退き，上がるときは陸に遡上すると仮定される（(A5.6) 式）．海岸線が前進したり後退したりする距離は，海岸線付近の陸の傾斜角に依存する．図の実線は傾斜角が海岸付近の海底地形と同じ2.6° としたときの計算結果である．

海岸線での陸の傾斜角を45° に変えたときの計算結果を，同じ図に破線で示す．海岸線での海面の変化は，傾斜角の違いでピークは多少前にずれるが，その後の海面の急降下は傾斜角にもっと敏感である．境界条件の影響は視点5の後ろのピークにもみられる．それ以外の地点の変動には，表示範囲にまだ反射波が到達していない．

6.2 津波の2次元的な伝播

海面を2次元的に広がる津波について，浅水波理論を用いた簡単なシミュレーションで基本的な性質を調べる．ここで取り上げる問題は，海面の初期変動の形状や水深の分布が津波の伝播にどんな影響を及ぼすかである．

計算領域はx方向に180km, y方向に150kmの広がりをもつ長方形の海で（図6.4），境界からの反射波が影響しない初期の時間帯を考察の対象にする．水深はxの負の側に47km離れた点を中心に直径24kmの円（図で薄い影をつけた範囲）に異常を加え，それ以外は一様に4kmとする．水深の異常は円の中心で2kmまで浅くし，まわりになめらかに深めていって円周上で4kmにつなげる．

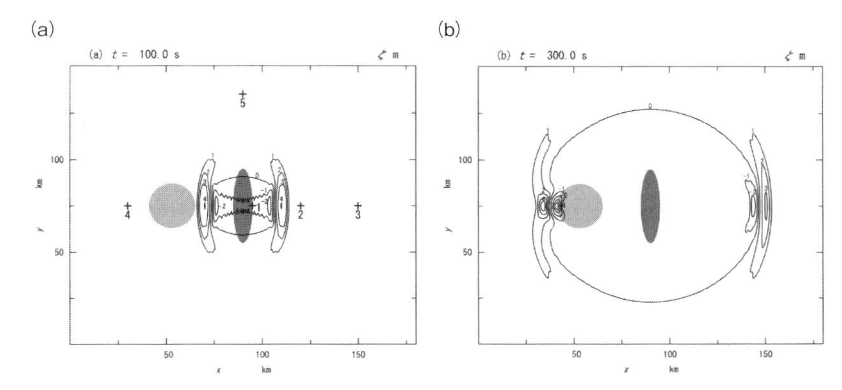

図6.4 海面を2次元的に広がる津波の性質．発生から100秒後 (a) と300後 (b) の津波の波高を等高線（値の単位はm）で示す．津波の発生源（濃い影）はx方向に10km, y方向に40kmの直径をもつ楕円で，初期変位は中心の10mをまわりにゆるやかに0まで落とす（(A5.9) 式）．海の深さは標準を4kmに設定し，薄い影をつける円（直径24km）は中心を水深2kmまで高めてゆるやかにまわりにつなげる．(a) の＋印は図6.5で海面の時間変化を示す視点の位置で，数値はその番号である．

津波の原因となる海面の初期変動は，計算領域の中心にx方向に10km,y方向に40kmの直径をもつ楕円（図6.4の濃い影）をおいて，そこに設定する．変動の大きさは，楕円の中心で10mの高さをもち，まわりになめらかに減少して，楕円の周上で0にする．

図6.4の等高線は，初期変動がおかれてから100秒 (a) と300秒 (b) が経過した時点の海面の高さ分布で，等高線の高さの単位はmである．計算結果の顕著な特徴は，津波の伝播が初期変動の形状に依存して強い指向性をもつことである．津波は初期変動を設定した細長い発生源の長軸と垂直な方向（x方向）に偏って伝播し，平行な方向（y方向）にはほとんど伝わらない．

図6.5は計算結果を空間に固定した5視点で高さの時間変化としてみる．視点の位置は図6.4 (a) に番号で区別して+印で示す．実線は図6.4に示した楕円状の発生源の場合，破線は比較のために発生源を円にした場合である．円は直径が20 kmであり，海面の高さは中心の10mからまわりに向かって減らして円周上で0にする．変動源の中心から同じ距離（55km）にある視点3と視点5で比べると，楕円の場合に津波に強い指向性があることが定量的に読み取れる．

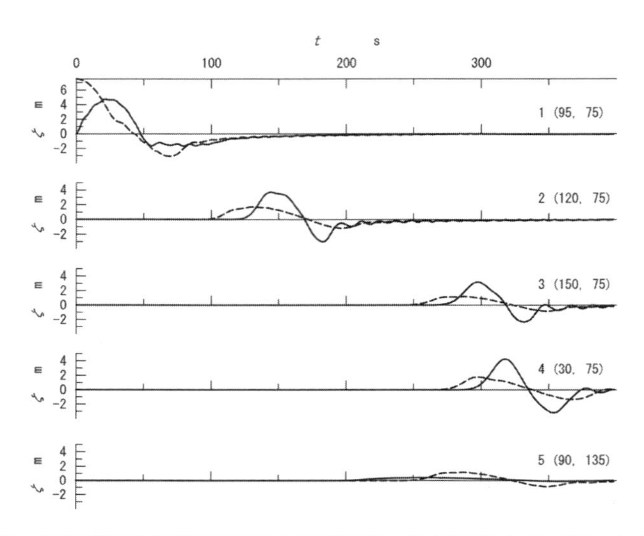

図6.5　2次元的に広がる津波の波高ζの時間変化．視点は図6.4aで＋印をつけた点の番号に対応し，位置を座標で示す．実線は津波の発生源がx方向に10km, y方向に40kmの直径をもつ楕円（図6.4の濃い影）の場合，破線は直径が20kmの円の場合で，中心の初期変位はともに10mである．

2次元の津波の一般的な特徴は振幅の減少の仕方が1次元と異なる点である（図6.5）．1次元の場合には，津波は水深が変わらない限り同じ振幅と形状を保って伝播するが，2次元の場合には，波が広がるので振幅は伝播とともに減少する．振幅の減少は発生源が円形の場合（図6.5の破線）が最も顕著で，振幅は伝播した距離に反比例して小さくなる．発生源が楕円の場合（図6.5の実線）は，伝播方向が偏るので，顕著な伝播がみられる方向では振幅の減少が相対的に小さい．

2次元の津波のもう一つの特徴は，初期変動と同じ向きの津波の後に逆向きの変化が続くことである．1次元の津波は反射などによって反転しない限り初期変動と同じ向きを維持する．この違いが生じる理由は次のように理解できる．津波の発生源では変動を周囲から支える力が働くが，2次元の津波は発生源の面積と周の長さの関係で支える力が相対的に弱い．そのために，変動は重力で解消される過程で加速され，中立点から行き過ぎて逆向きになるのである．

逆向きの変動は振幅を減少させながらも原理的には何度も反復される．そのために津波による海面の変化は振動しながら持続する．この振動は図6.5の時間変化に明瞭にみられるが，図6.4（a）で海面の高さが−1mの等高線に振動的な変化が生ずるのも同じ理由である．

次に水深の変化の影響をみよう．図6.4（b）でxの負の側に伝播する津波は，中心付近が水深の浅い領域を通過するために波面がゆがめられる（正の側に伝播する津波と比較せよ）．中心付近は伝播がまわりより遅れるばかりでなく，波が周囲から集まって振幅が大きくなる．この効果は図6.5では視点3と4の差に表れる．水深の浅い領域は凸レンズのように周囲から波を集めるのである．逆に，水深の深い領域は津波を早く通させながら，凹レンズのように波を分散させる．

以上のように，2次元の津波の伝播は発生源の形状に依存して強い指向性をもつ．また，水深の変化に対応して伝播方向が曲げられ，重なり合って強まったり，分散して弱まったりする．海岸線で反射が起こる場合には，海岸線の形状によって凸面鏡や凹面鏡と類似な効果も表れる．湾に侵入した津波は，あちこちの海岸で反射した波が重なり合って時間変化がさらに複雑になる．

津波の性質は伝播の環境が複雑になればそれに対応して複雑になるが，発生源の状態，海底の水深，海岸線の配置が適切に設定されれば，ほぼ正確に計算し予測することが可能である．ただし，解析に浅水波理論が常に適用できるとは限らない．

6.3　東日本大震災の津波

東日本大震災（2011年）で生じた主要な災害は津波によって引き起こされた．シミュレーションの結果とも比較しながら，この津波の性質を探ろう．

災害に最も密接に関係する津波の性質は高さの最高値とそれが到達する時間である．東日本大震災のときの津波，すなわち東北地方太平洋沖地震に誘発された津波について，国内の主な地点で得られた高さの最高値と到達時間を図6.6にまとめる．なお，この津波は国内ばかりでなく太平洋周辺の広い地域で観測された．津波の高さは米国やチリなど南北アメリカ大陸の西海岸で特に高く，多くの地点で2mを超えた．津波は日本海溝に垂直な方向に顕著に伝播したのである．

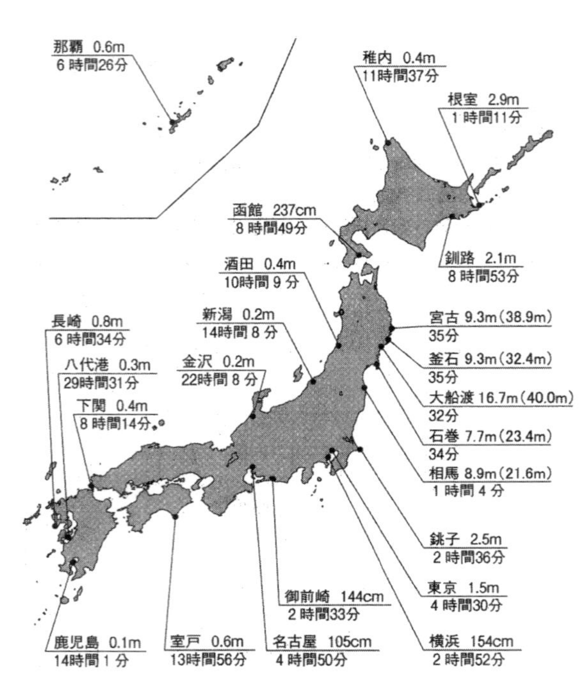

図6.6　東北地方太平洋沖地震（2011年）のときに海岸に達した津波の高さの最高値と到達時間（[41] を修正；修正データは [42]）．岩手県や宮城県の海岸では検潮儀や津波計の記録がとだえたため，津波の高さは事後の調査で推定された．調査結果は海岸付近に残された浸水の痕跡から得られた値と遡上の位置から得られた値（括弧内）で示す．

海面の高さは検潮儀や津波観測計を用いて海岸の多数の観測点で常時記録されており，津波の高さや到達時間はその記録から読みとられる．ところが，東北地方太平洋沖地震のときは，特に高い津波に襲われた岩手県や宮城県の海岸で海面の高さが計測できなくなった．これらの地域では津波の高さは事後の調査によって推定されたが，その精度は検潮儀や津波観測計によるものより劣る．

事後の調査で津波の高さを推定する方法はおおむね2通りある．一つは海岸付近に残された浸水の痕跡を用いる方法，もう一つは津波が陸に遡上した先端の標高から見積もる方法である．東北地方太平洋沖地震による津波についてみると，浸水の痕跡から得られた高さは高いところでも16m程度なのに，遡上範囲から推定した高さは場所によっては40mにも達する．津波は陸に侵入するときに速度をもつので，遡上する勢いで海岸線での水位以上の高さまで達するのであろう．

海岸での計測に加えて，津波の高さは海底ケーブルに接続された水圧計でも計測された．海面の高さに応じて海底の水圧も変化するので，水圧の変化から真上の海面を通過する津波の波高が計算できるのである．釜石の海岸から50kmと80km離れた2観測点TM1とTM2で得られた津波の推移を図6.7に示す．

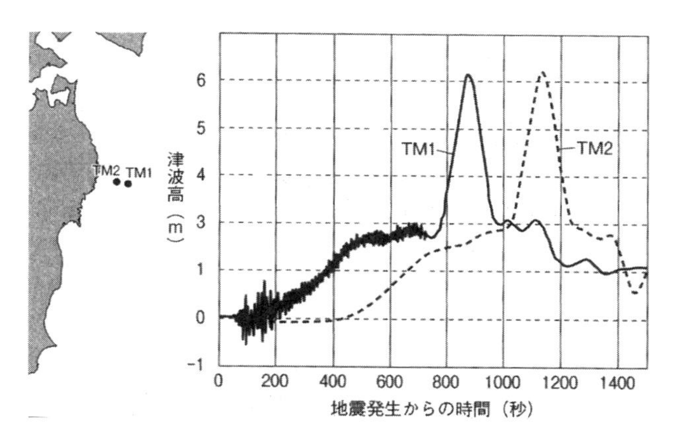

図6.7 海底ケーブルに接続された水圧計による津波の計測結果［41］［43］．計測地点TM1とTM2は釜石の海岸から50 kmと80 km離れた沖合にある．

これらのデータを6.1節で行ったシミュレーションの結果と比較しよう．海底ケーブルで計測された海洋上での津波の波形は，海岸から50 kmおよび20 km離れた視点4や5の計算結果と，おおよその高さも含めてよく似ている．同様に，海岸線（視点6）で計算されたた津波の高さの最高値は，大船渡などの海岸付近に残された浸水の痕跡から得られた高さとほぼ一致する．

シミュレーションで仮定された断層の分布やすべり量（図6.1b）は，沈み込み境界の深さや地震のマグニチュードをおおまかに考慮して決められた．シミュレーションは1次元の計算なので定量的な比較には限界があるにせよ，津波の観測結果を大体説明することから，断層すべりを含めた状況設定はおおむね適切であったと判断できよう．

しかし，津波の高さが最高になる時間については，計算結果の25分は東北地方の沿岸で実測された32分より早すぎるきらいがある．海底ケーブルで計測されたピークの到達時間と比べても，計算結果はやや早めである．この差は計算で使われた水深の分布や断層の位置を調整することで改善できかもしれないが，津波の2次元的な伝播に原因がある可能性もある．

さて，東北地方太平洋沖地震を起こした実際の断層すべりはどんなものだったのだろうか．関連する研究成果の内で陸上の地殻変動から推定されたすべりの分布を図6.8に示す[44]．地震によって陸の地盤は東に最高で5m以上も移動し，1m近くも沈降した．多数の観測点で得られたこのような観測結果は，プレート境界上にすべりを図のように配置させることで最適に説明できるのである．

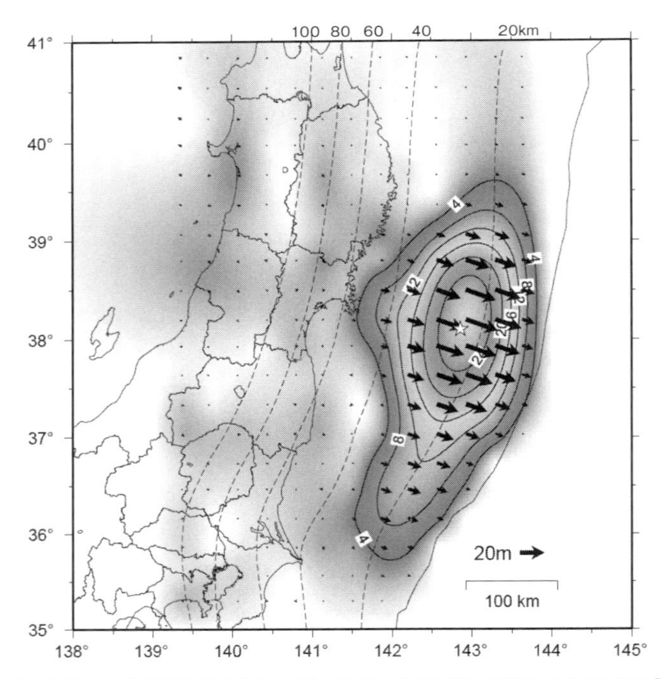

図6.8　東北地方太平洋沖地震（2011年）で生じたと推定される断層すべりの分布［44］．断層すべりの大きさと方向を矢印で，またすべり量の分布を等高線（値の単位はm）で示す．断層すべりは陸上で観測された地殻変動のデータを説明するように決められた．点線は深発地震の深さなどから得られたプレート境界の深さである．

図6.8の断層すべりは本震の震源付近に20mを超える大きさをもつが，その

すべり量はマグニチュード9に対して妥当なものである．また，すべりの向きはプレートの沈み込み方向とほぼ一致する．なお，この結果は一様な断層すべりを1次元に集約したモデル（図6.1（b））とも整合的だが，陸の近くのすべり量は一様な値よりかなり小さいので，1次元の計算結果は海岸線付近では変位が過大になっている．

東北地方太平洋沖地震の断層すべりは地震波形[45]や津波[46]の観測データからも推測されている．その解析結果は地殻変動から得られたものと大局的には似ているが，すべりは海溝に近づくほど大きく，海溝の近傍では40mかそれ以上にもなる．

これらの解析の内でどれが一番真相に近いのか，あるいはすべてのデータと調和するのはどんなすべり分布なのかは，東北地方太平洋沖地震についてさらに詳細に究明する上で重要である．しかし，観測点の分布が陸に偏っていることから，解析の精度をこれ以上上げるのは難しいのかもしれない．

6.4 津波の予測

海底直下で発生する地震の時期や規模などが事前に予測できれば，地震に誘発される津波の発生も時間的な余裕をもって予測できる．現状では確実な地震の予知は望めないので，津波の危険性は地震の発生を知ってから迅速に予測することが求められる．火山の噴火や地すべりなどが原因になる津波も似た状況にあるが，ここでは頻度が圧倒的に高い地震による津波について考える

シミュレーションは津波を予測する重要な手段になりうる．地震の原因となる断層すべりが適切に予測できれば，津波の伝播は海底の深さ分布を用いてほぼ正確に計算できる（6.1節）．陸に近づいた津波は厳密な扱いが簡単でないが，伝播の深さ依存性などに基づく近似式（グリーンの法則など）を用いれば，海岸に到達する高さは即時に予測できる．

現実には，プレート間地震などが原因で陸の近くで発生する津波の予測は，シミュレーションを適用しようとすると困難にぶつかる．その一つは技術的な問題で，計算結果に十分な精度をもたせるために海底地形を詳細に考慮すると，現状のコンピュータの処理能力では計算時間がかかりすぎて事前の津波

予報に間に合わない．

さらに本質的な問題は，津波の原因となる断層すべりが即時には見積もれないことである．断層の大きさやすべり方向は地震のマグニチュードやメカニズム解から推測できるが，断層の具体的な場所や形状は余震の震源分布などから決められる．ところが，余震の分布は津波が到着したずっと後にならないと定まらない．すべり分布は地震波形や地殻変動の解析から求めることも可能だが，現状では解析結果が得られるまでに数日以上の時間がかかる．

そこで，気象庁は地震の発生に対応して現在次のような方法で津波予報を出している．地震の震源が海底に決められ，規模がある程度以上だったときに，とりあえず震源の周囲の適当な範囲に津波に対する警戒を呼びかける．それから，地震の規模や震源の位置などが似ている事例をデータベースから探し，その事例に基づいて津波の到達時間や高さに関する予報を出す．データベースは過去の事例や津波伝播のシミュレーションに基づいてあらかじめ作成しておく．

しかし，この方法にも問題がある．データベースから探される地震は予測の対象となる地震と全く同じにはなりえないから，その差が津波の予測に誤差を生む．また，その後の観測や解析で地震や津波に関する情報が増えても，それを予測の精度向上に活用するのが難しい．データベースに登録する事例を極端に増やせば，これらの問題は回避できるが，そうすると適切な事例の検索に時間がかかりすぎて，やはり予報に間に合わなくなる．

さらにつけ加えれば，大災害の原因になる大きな地震は，発生頻度が低いのでデータベースに適切な事例を準備するのが難しい．また，断層のしめる範囲がきちんと決まらないことは，大きな断層をもつ大きな地震になるほど津波の予測に深刻な影響を及ぼす．

このような問題点を打破するために，津波の予測に海洋での津波観測を活用する計画が進められている．図6.7に例をあげたように，津波が海上を通過する段階で観測できれば，そのデータを用いて近くの陸に到達する津波の高さや到達時刻が精度よく見積もれる．データがさらに津波発生源に関する精度の向上にも活用されれば，津波予測の精度を広域にわたって高めることもできる．

現在すでに海溝と陸の間にかなり稠密な津波観測網が展開されている（図6.9）．津波の海洋観測には海上にブイを浮かせてGPSで海面の高さを直接計測する方法も使われているが，主流は海底ケーブルに接続された圧力計を用いる方法である．今後技術開発が進んで，海洋の津波観測がシミュレーションとも結合され，津波予測が大きく改善されることを期待したい．

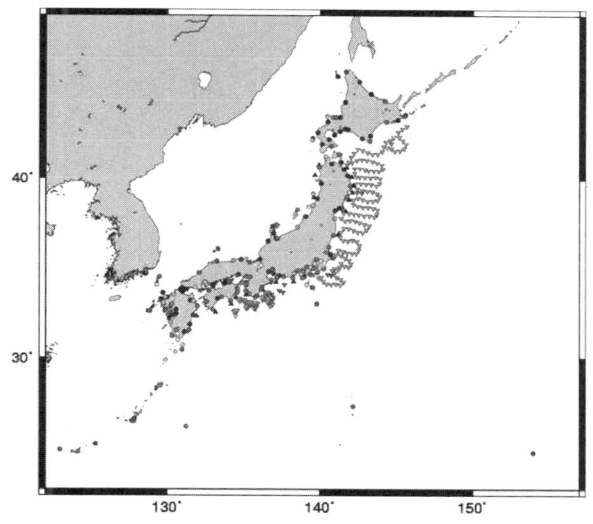

図6.9 津波観測点の分布［47］．●は海岸に設置された津波観測計，▲は海面上に浮かぶGPS波浪計，▼は海底ケーブルに接続された海底津波計である．これらの計器は気象庁，国土交通省港湾局，国土地理院，海上保安庁，海洋研究開発機構，防災科学技術研究所，東京大学地震研究所などによって設置された．

津波には日本の遠洋で発生するものもある．1960年のチリ地震（マグニチュード9.5）による津波は，23時間後に最高6.3 mの高さで日本にも到着して，三陸沖などで142人の死者を出した．この津波をきっかけに太平洋の周辺諸国では津波の情報を共有する体制が出来上がった．遠洋で発生する津波は，到着までに時間がかかり，経由地からの情報も届くので，近海で発生する津波とは別な方法で対応できる．

第7章 人的な災害

災害に関する個別の記述のしめくくりとして人的な災害を取り上げる．人的な災害には，人の過失によって起こるものと人が意図的に起こすものがある．いずれの場合にも，爆発や火災が災害の直接的な原因になることが多いので，まず爆発と火災について物理化学的な側面を重視しながらまとめる．次に，災害を起こす人間の営みを代表して，テロについて簡単なシミュレーションを試みる．最後に，人類の開発がもたらす環境の悪化についてシミュレーションを用いて考える．

7.1 爆発

爆発は異常に高い圧力が瞬間的に発生してまわりに急速に広がる現象である．圧力の急変がもつ強い破壊力のために生命や機材などが損壊して，事故や災害につながることがある．火山の噴火などの自然現象の過程でも起こるが，多くは人間が意図的に，あるいは過失によって引き起こす．

物理現象としてみると，爆発は何らかの原因で高圧が瞬時に発生する過程と，それが周囲に高速で広がる過程からなる．高圧の発生の仕方は多様であるが，その広がりは共通の解析方法で対処できる．以下にその各々について考察する．

まず，爆発の原因となる高圧の源について考える．高圧が閉じ込められた状態から急に開放される過程で爆発が発生する場合がある．高圧容器や油送管に亀裂などを含む脆弱な部分があり，気体の注入や加熱により内部の圧力が高まったり，腐食が進んで亀裂が拡大したりして脆弱な部分が壊れ，高圧の気体が突然外気にさらされて爆発源となるのである．

高温の物質が水と突然接触して水が急速に気化すると，水蒸気爆発が起こる．急速な気化で多量の水蒸気が発生して体積が急増するのが爆発の原因である．気化が急速に進むのは，高温の物質と水の接触面積が大きいときである．爆発で物質が破砕されれば水との接触面積が増えるので，この過程が繰り返されて爆発が物質の細粒化と連鎖して進行し，水蒸気爆発に至ると考えられる．

爆発の多くは化学変化に起因する．化学反応で気体が発生したり，反応熱で気体が膨張したりすることが高圧を生み出す原因になる．化学変化の進行が遅いと圧力の増加が大気の流れで緩和されるので，爆発は化学変化が急速に進むときに発生する．核分裂や核融合も急速に進むと化学反応以上に強い爆発力をもち，原子力発電所で事故を起こしたり，戦争目的の核兵器に利用されたりする．

爆発の原因によくなる化学反応は燃焼である．燃焼が爆発を起こすほど急速に進むのは，可燃物が酸素とよく混ざり合うときである．水素などの可燃性の気体は空気と容易に混ざり，ガソリンなどの気化し易い液体も可燃性の気体を空気中に散逸するので，発火条件が整うと爆発を引き起こす．石炭などが粉塵になると空気との接触面積が増え，燃焼が急速に進んで爆発を起こすこともある（粉塵爆発）．

ニトログリセリンは爆発性の強い物質である．化学的に極めて不安定で，振動などに敏感に反応して自発的に分解し，窒素，二酸化炭素などの気体を急激に発生する．そのために体積が急増して爆発が生じるのである．ニトログリセリンを狭心症などの医薬品として使うときは，他の物質を混ぜてゲル状にするなどして，爆発を抑える措置がとられる．

爆発は人間に利用されることも多い．たとえば，自動車のエンジンは内部でガソリンが燃焼しながら小爆発を繰り返して動力を生み出す．爆発を工事などに利用するには，意図するときだけに爆発するように制御する必要がある．ダイナマイトなどの爆薬は，爆発性の強い物質に他の物質を加えるなどして化学反応を抑制し，それを雷管などの起爆部と接続して必要なときに爆発させる．

次に，高圧が広がる過程を解析する．そのために高圧が通常の圧力（1気圧）と面で接する状況を考える（図7.1左）．この不連続面の両側では，圧力の違いに対応して温度T，密度ρ，運動速度vも異なる．不連続面が移動して通常の圧力p_oの範囲を侵食することで，高圧p_wの状態が空間的に広がる．物質は通常の範囲では停止しており，不連続面の通過後に運動速度vで動き出すものとする．

不連続面が通過して物質の状態が急変する過程では，質量，運動量，エネルギーが保存され，さらに状態方程式も満たされる（付録A6）．これらの関係から，不連続面の移動速度cと通過後の状態が，原因となる高圧p_wに対応して一義的に定まる．空気が窒素と酸素からなる理想気体であるとして，不連続面の通過に関与する変数を圧力 p_wの関数として図7.1右に示す．図には音速（音波の伝わる速度）c_sも加えられている．

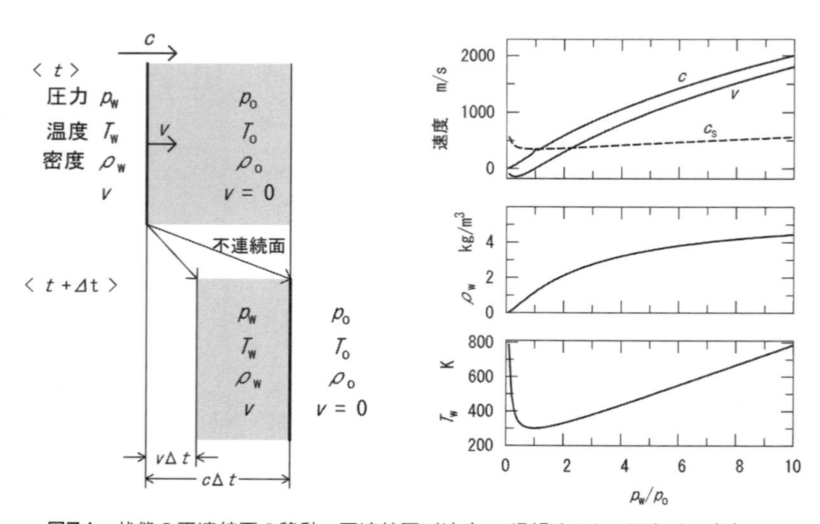

図7.1　状態の不連続面の移動．不連続面が速度cで通過すると，圧力がp_o（1気圧，10^5Pa）からp_wに，温度がT_o（27℃ = 300K）からT_wに，密度がρ_oからρ_wに，運動速度が0からvに変わる（左）．p_wが決まると，cを含めて他の変数は質量，運動量，エネルギーの保存則と状態方程式から定まる（右）．物質は窒素と酸素で構成される空気であると仮定する．cが常圧での音速を超えると，不連続面は衝撃波になる．計算方法は付録A6参照．

この図によると，p_wが1気圧（$p_w/p_o = 1$）から増えるにつれて，密度など他の変数も大きくなる．物質の運動速度vは1気圧で0であり，p_wが1気圧より上がると正，下がると負になる．温度が上昇するのは大気の圧縮によって力学的なエネルギーが内部エネルギーに変換されるためである．圧力が1気圧より小さな場合にも，速度と圧力差が両方負になるために内部エネルギーは増加して，温度はやはり上昇する．

圧力などの状態の変化は音波で周辺に伝播するので，実際の状態変化では不連続面の伝播速度cと通常の状態での音速c_sの関係が重要になる．もしcがc_sよりも小さければ，高圧の状態は不連続面が移動する前に前方に伝わるので，状態の不連続はすぐに緩和されて失われる．状態の不連続が維持されて移動しながら伝わるのは，移動が常圧での音速よりも速い場合に限られる．

状態の不連続が伝わる波は衝撃波とよばれる．上の考察から衝撃波はcが音速より大きい場合に発生する．このときに不連続面を固定してみると，圧力の低い大気が音速を超える超音速で流れ込んできて，不連続面で突然圧縮され，高圧で低速（音速より低い亜音速）の状態になる．流れ込む速度が亜音速の場合には，このような不連続な状態変化は起こらない．衝撃波は超音速の流れと関係する現象なのである．

図7.1によれば，p_wがp_oよりも大きい場合には超音速の条件が満たされるが，小さい場合には満たされない．いいかえれば，周辺の圧力よりも高圧の状態は不連続な境界を維持して衝撃波として広がるが，低圧の状態は不連続な境界が維持できず，時間とともに緩和されて散逸する．

衝撃波の通過は激しい状態変化を伴うので，物体は通過時に強い変形を受けて破壊されることが多い．爆発で高い圧力が発生すると，大きな圧力変化が衝撃波として広がって周辺の物体を破壊する．生命が居合わせたら死傷も免れない．爆発が広い範囲にわたって甚大な破壊力をもつのは，衝撃波を生み出すためである．

火山の爆発はしばしば衝撃波を発生してガラスなどを破壊する．米国のセントヘレンズ山が1980年に噴火を起こして山体が崩壊したときは，強い爆発で発生した衝撃波が山の北側を襲い，20kmにもわたる範囲で山林をのきなみなぎ倒した．

爆発が起こらなくても，超音速で移動する弾丸や飛行機の周りには衝撃波が発生する．1960年代には超音速で飛ぶ旅客機の開発が進められ，1969年にエールフランス航空が超音速ジェット機コンコルドの運用を開始した．しかし，上空を飛ぶ超音速機が陸に衝撃波の被害をもたらしたので，飛行が海に限定されるなどの制約が課せられ，就航を受け入れる空港も広がらなかった．2000年に離陸時に事故を起こしたこともきっかけになり，コンコルドは数年後に営業飛行の停止に追い込まれた．

7.2 火災

火災（火事）は住宅などの建造物を焼失させ，逃げ遅れた人を死傷させる．死傷の原因には，高温にさらされるための火傷，有毒ガスの吸引や酸素の欠乏による呼吸困難，倒壊した建物の下敷きなどがある．火災が広がると，多数の死傷者と莫大な経済的損失を出す大災害にもなる．

いうまでもなく，火災は可燃物が酸素と化学反応をして燃焼する現象である．燃焼は温度が可燃物の発火点（発火温度）を超えると始まる．発火点は燃焼を持続させるのに必要な最低温度で，木材が250℃，新聞紙が290℃，ナイロンが500℃などと見積もられるが，酸素を供給し熱を散逸させる環境によっても変化する．

燃焼が持続する過程では，酸素との化学反応による燃焼熱で隣接する可燃物が高温になり，熱分解を受けて次の化学反応を準備する．熱分解で気体が発生する場合には，気体が空気と混合して炎になり，化学反応は炎の中で進行する（有炎燃焼）．炎ができないときは，可燃物の表面が化学反応を起こして赤熱し，熱伝導で可燃物の内部に熱が運ばれる（無炎燃焼）．

燃焼には可燃物とともに酸素が必要であるが，酸素は燃焼熱で周辺に生じる対流によって供給される．対流は酸素を含む新鮮な空気を補給し，同時に燃焼で生じる二酸化炭素や水蒸気などの反応生成物を運び去る．可燃物中の熱輸送を含めて，燃焼を維持する原動力は酸素との化学反応が生み出す莫大な燃焼熱である．

火災は可燃物が発火点以上の高温になると始まる．高温の原因には火山の噴火，落雷，乾燥した樹木の摩擦などの自然現象もあるが，多くは人間が関与する．火災は台所の火の不適切な扱い，タバコの火の不始末，器具の不具合による漏電などが主要な原因になり，地震や事故に誘発されることもある．放火によっても起こり，戦争やテロで大がかりな放火が企てられることもある．

火災は広がらなければ小火（ぼや）ですむ．火災が広がるのは燃焼熱が効率的に輸送されるときである．燃焼する場所が可燃物と多少離れていても，熱が光や赤外線の放射で運ばれて発火することがあるが，炎がたなびいたり，火の粉が飛んだりして高温の物質が可燃物に直接接触すると，燃焼はもっと確実に広がる．ガソリンなどの引火性の物質が火のまわりを早めることもある．

風は炎をたなびかせ，火の粉をとばして燃焼の拡大を助ける．空気が乾燥していると，発火が起こりやすく，燃焼で生じた水蒸気が除去されやすい．そのために，大きな火災（大火）は空気が乾燥して強い風があるときに起こりがちである．

可燃ガスが酸素を含む空気と混合する状態では，燃焼はそこを波として広がる．波の進行とともに燃焼する側が未燃焼の側を侵食して拡大するのである．波の伝播が熱伝導による熱の輸送に支配されるのが燃焼波である．燃焼波の両側には温度と化学組成に大きな差ができるが，圧力の差は小さい．燃焼波の速度，すなわち燃焼が広がる速度は音速より小さい．

燃焼は爆轟（ばくごう）波として高速でも広がる．爆轟波は燃焼側の高い圧力に駆動され，伝播速度が一般に音速より大きく，実体は衝撃波である．高い圧力は急速な発熱による気体の熱膨張で生み出されるので，爆轟波の形成には高い温度が必要である．爆轟波を衝撃波と同様な方法で解析した結果を図7.2に示す（変数の意味は図7.1左，計算方法は付録A6参照）．

図7.2は，可燃ガスのしめる質量の割合ϕが異なる二つの場合について，燃焼する側の温度T_wの関数として爆轟波の性質を描く．温度が低いと伝播速度cが負になって解が存在しないが，温度が臨界値を超えると伝播速度が突然増大して爆轟波が出現する．このときcは音速より大きく，圧力も常圧より大きいので，爆轟波は衝撃波である．温度がさらに上昇すると圧力や密度も増加する．

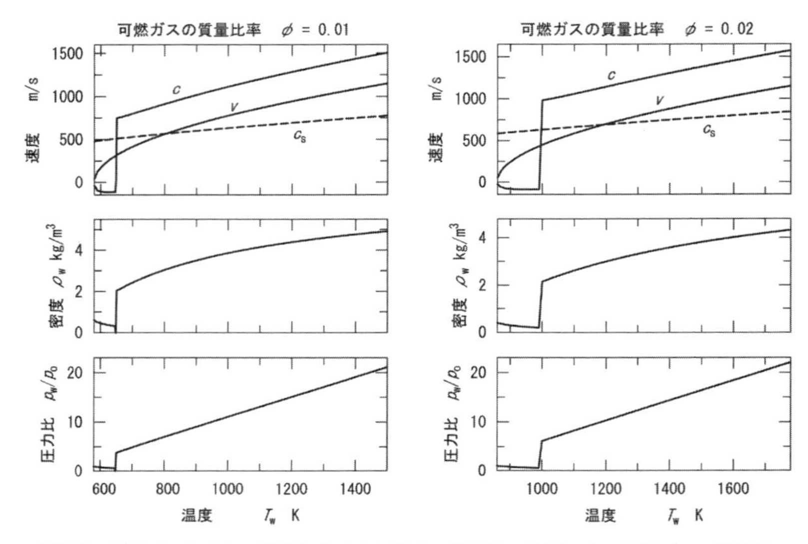

図7.2　可燃ガスと空気の混合気体中を伝播する爆轟波の性質．左は可燃ガスの質量比率（全質量中の割合）ϕが0.01，右は0.02の場合である．可燃ガスの燃焼熱は2×10^7J/kgとする．温度T_wがある値を超えると，伝播速度cが突然正になって波が爆轟波として伝播する．この状態では，燃焼による急激な発熱のために熱膨張で圧力が高まり，爆轟波は衝撃波になる．

火災を鎮静化する措置が消火，消火の基本的な方法が放水である．水は熱容量や気化熱が大きいので，燃焼する物体と接触して温度を効果的に下げる．また，物体を水の膜で覆って酸素を遮断する．ただし，可燃物が油の場合は，水をかけると油が表面に浮き出て燃焼をかえってあおる．また，マグネシウム，鉄粉，無機過酸化物などは水と反応する．これらの物質が可燃物となりうる火災では，消火剤として水の代わりに炭酸カリウム水溶液，二酸化炭素の泡，炭酸水素塩の粉末などが使われる．

大規模な火災は，サンフランシスコ地震（1906年）や関東大震災（1023年）のときのように，大都市が大きな地震に襲われたときによく起こる．また，太平洋戦争末期には東京大空襲（1945年）の爆撃で東京の下町が大火に見舞われた．これらの事例では，多数の出火点から火が燃え広がり，消火が間に合わずに都市を広域にわたって焼き払った．都市の大半が木造建造物でしめられたことも火災が広がる原因になった．

最近の日本の火災としては，2016年12月26日に新潟県糸魚川市で起きた火災があげられる．この火災は中華料理店で大型コンロの火を消し忘れたのが出火の原因になり，火は周辺に密集する木造の商店街や住宅地に燃え広がって海岸まで達した．当時近くの海域には低気圧があり，最大瞬間風速が20mを超える強風が吹いていた．強風に消火が妨げられて，火災がほぼ鎮圧されるまでに10時間余り，完全な鎮火には30時間を要して，147棟の建造物が損焼した．

7.3 テロ

人間が起こす災害は多様である．ここでは事件や事故を含めて災害を多少広い意味で考える．人災は人間の手抜きで発生する災害をさす．たとえば，工事の手抜きや点検の不備でトンネルや橋が崩壊して自動車などが巻き込まれる場合である．人間が何らかの意図をもって他の人間に危害を加えるのは犯罪である．

政治信条や宗教などを共有する集団が，意思表明の手段として不特定多数の人間を殺傷する行為がテロ（terrorism）である．テロは非力な集団が政治権力などに対抗する手段として古くから用いられてきた．我が国ではオウム真理教が地下鉄サリン事件（1995年）などのテロ行為を起こして社会を騒がせたが，現在世界中が手を焼いているのはイスラム過激派によるテロである．

イスラム過激派のテロは，2001年9月11日に米国東部で同時多発テロを起こして以来世界中で警戒され，米国では撲滅のために軍事行動を含む各種の対策がとられた．しかし，テロはフランスやイギリスなど世界中に拡散し，件数は増加の一途をたどっている．テロの背景には宗教や民族の違いに加えて貧富の格差があるとみられるが，現実には警備を強めたり武力で抑圧したりする以外に有効な対策はとられていない．

人間の意思や行動は極めて多様であり，社会の構造も複雑なので，テロを現実に即した形でシミュレーションするのは至難の業である．ここでは，エージェントの概念（1.5節）を用いて，テロリストとテロを抑えようとする側の行動や対立を表現する簡単なシミュレーションを試みる[48]．

状況を単純化して，テロを実行するテロリスト（T），テロに共鳴するシンパ（S），テロを取りしまる官憲（A），普通の人（N）の4種類の人間（エージェント）で構成される世界を考える．この世界の総人数や4種類の人間の割合は任意に設定できる．人間はすべて自由に行動するが，二人の人間が接触したときには相互作用が生じて所定の変化が起こるものとする．

接触による相互作用の内容は，接触する人間の種類に応じて次のように定める．

TとT：自爆テロが発生して近傍の人間が消滅する．
TとS：テロリストに勧誘されてSがTに変わる．
TとN：テロリストに感化されてNがSに変わる．
AとT：テロリストが捕縛されてTが消滅する．
AとS：親派を改宗させてSがNに変わる．

これ以外の接触では何も起こらない．

接触の条件はどう表現したらよいだろうか．現実の人間は，直接面談するばかりでなく，電話，手紙，メールなどの手段で意見や情報を交換する．しかし，このような多様な接触は表現するのが難しいので，以下のように抽象化した世界を考えて，接触を機械的に表現することにする．

この世界の人間は正方形の領域を自由に移動できるものとする．人間の移動は設定された最高速度の範囲内で方向も大きさもランダムに起こる．領域の外にも同じ状態が周期的に繰り返されており，境界の外に出たら反対側から入ることで境界の影響を回避する（周期境界条件）．移動によって二人の人間の距離が平均距離のr_c倍以下になったときに，接触が生じて上記の相互作用が生じる．相互作用でテロが起こると，二人のテロリストの中心からの距離が平均距離のr_t倍以内の人間はすべて消滅する．

多様な人間関係を空間的な距離で表現するのはいかにも人工的だが，こう仮定することで数学的な対処が可能になり，シミュレーションが実行できるようになるのである．

シミュレーションの典型的な実行結果を図7.3と図7.4に示す．この例では100人で構成される世界（Tが5人，Sが10人，Aが40人，Nが45人）を考える．総人数は任意に設定できるが，表示の便宜のために100人にとどめる．接触の条件を決める定数r_cは0.1，テロが及ぶ範囲を決める定数r_tは3とする．図7.3左は規則的な配列をランダムに移動させてつくった人間の初期配置である．そこから各人を移動させて接触を繰り返し，最後にテロが起きた後の配置が図7.3右である．

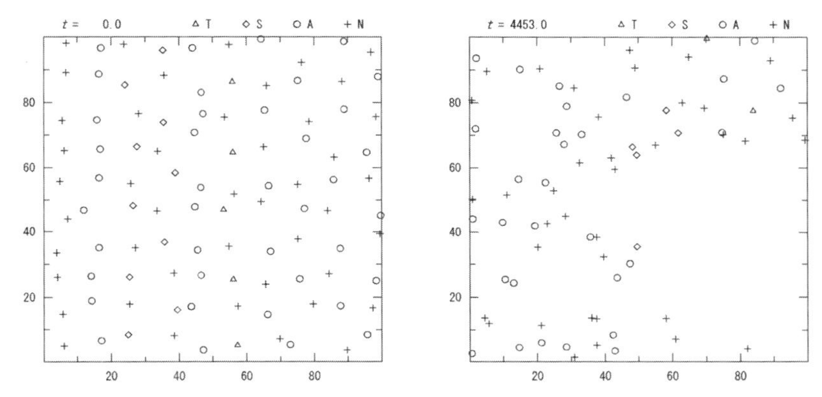

図7.3 テロのシミュレーションで得られた人間の配置の変化．この例では，初期状態（左）の総人数は100人で，テロリスト（T）が5人，テロのシンパ（S）が10人，テロを取り締まる官憲（A）が40人，普通の人（N）が45人で構成される．人々がランダムに移動して接触することで構成人数が変わり，最終状態（右）ではテロが起きて人数が大幅に減少する．計算に用いた定数は，接触の起こる距離を決めるr_cが0.1，テロの被害が及ぶ範囲を決めるr_tが3である．

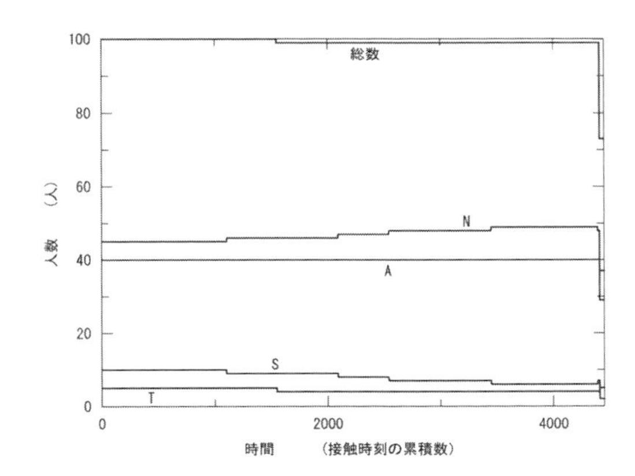

図7.4 テロのシミュレーションで得られた人数の変化．図7.3と同じシミュレーションを，テロリスト（T），テロのシンパ（S），テロを取り締まる官憲（A），普通の人（N）の人数と総人数の時間的な推移でみる．時間は接触が起きた時刻の累積回数である．

図7.4は同じ計算で得られた人数の推移である．時間tは接触の累積回数で表現する．この例では官憲（A）との接触でテロリスト（T）もテロのシンパ（S）

も次第に減っていくが，最後にテロが起きて人数が大幅に減少する．テロが起こる前の状況を詳細にみると，まずTとSが接触してTが一人増える．その直後にこの2人のTが再び接触してテロを起こすのである．

人数などの条件を様々に変えてシミュレーションをしてみると，同様な接触の連鎖を経てテロが起こる場合が実に多い．たとえSが存在しなくても，まずNがTに接触してSに変わり，それがまたTに接触してTに変わる．さらにこの2人が再度接触してテロを起こすのである．このような接触の連鎖が抑えられてテロが起こらない事例を見つけるのはむしろ難しい．

図7.5はテロを起こさずにテロリストが完全に撲滅される例である．この例では，世界を構成する100人の内テロリスト（T）は3人，テロのシンパ（S）は2人と少なく，逆に官憲（A）は80人と異常に多い．このように，官憲の人数をテロリストや親派よりずっと多くしないと，テロは防げない．それほどテロは容易に起きてしまうのである．

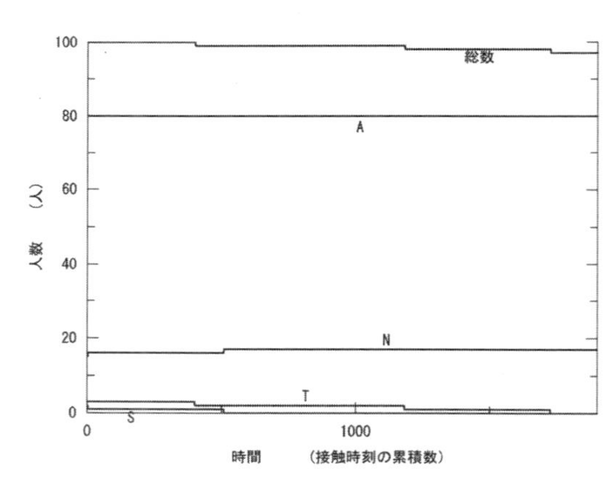

図7.5　テロリストがすべて撲滅されるシミュレーションの例．テロリスト（T），テロのシンパ（S），テロを取り締まる官憲（A），普通の人（N）の人数と総人数の時間的な推移を示す．初期状態の人数はTが3人，Sが2人，Aが80人，Nが15人である．時間は接触が起きた時刻の累積回数である．定数は図7.3と同じである．

このシミュレーションは現実のテロの理解に何らかの示唆をするだろうか．判断は読者にゆだねるが，テロの抑止が難しいという点では，シミュレーションは現実と同じである．

7.4 文明の進歩がもたらす地球環境の変化

数千年前に文明が開化して以来，人類は自然への侵食を急速に進め，現在は地球の大半を開発し尽くしたともいえる．開発によって人間の居住環境が改善されて，人口が大幅に増加した．しかし，人口がこのまま増え続けると，地球が支えられる容量を超えて居住環境が悪化し，人類の将来を脅かす可能性がある．この意味では人類による開発は最大の人的な災害であるともいえる．

開発の弊害で近年よく話題に上るのは地球温暖化であるが (3.5節)，もっと基本的な問題に人口と食料供給の関係がある．地球上の土地の広さは有限なので，人口が増え過ぎたら食料が足りなくなるだろう．この問題は18～19世紀の経済学者マルサス[49]が指摘して以来，何度も議論されてきた．

ここでは人口と食料供給の関係を簡単なシミュレーションで調べる．人口，食料生産量，食料生産の効率，耕地面積の間を簡単な関係式で結んで，これらの変数の時間的な推移を追跡するのである．問題を単純化して食料は穀物で代表し，人口1人あたりの食料生産量を豊かさの指標にする．計算方法の詳細は付録A7に記述する．

シミュレーションには次のような関係式が用いられる．人口が変化する速度は人口に比例する．このような変化は幾何級数的 (指数関数的) な変化とよばれるが，比例定数 (人口増加率) は豊かさに依存すると考える．豊かさが上がると飢餓状態を脱して増加するが，先進国の人口減少にみられるように，豊かになりすぎると逆に減少する．豊かさを決める食料生産量は耕地面積に依存するが，耕地面積は開発によって人口とともに減少する．食料生産量は生産効率に比例し，生産効率は豊かさに依存する．

これらの関係式を満たして変数が絡み合って変化するわけである．変数間の関係は時間に関する連立常微分方程式の形で書けるので，関係式に含まれる定数と変数の初期値を見積もれば，連立常微分方程式を解いて変数の変化が追跡できる．計算は20世紀後半の状況を出発点にして，その時代の資料から定数と変数の初期値をおおまかに推定する．

計算結果の2例を図7.6の左と右に示す．推定した定数や変数の初期値はこの図の説明文に記載する．横軸の時間は人口増加率の大きさを決める定数t_r

で無次元化されている．計算には開始時期もt_rの値も陽に設定する必要がないが，たとえば時間0は1950年頃，t_rは20～50年程度と想定できよう．図の縦軸は各変数が共有する大きさのスケールで，単位は変数ごとにかっこ内に示される．

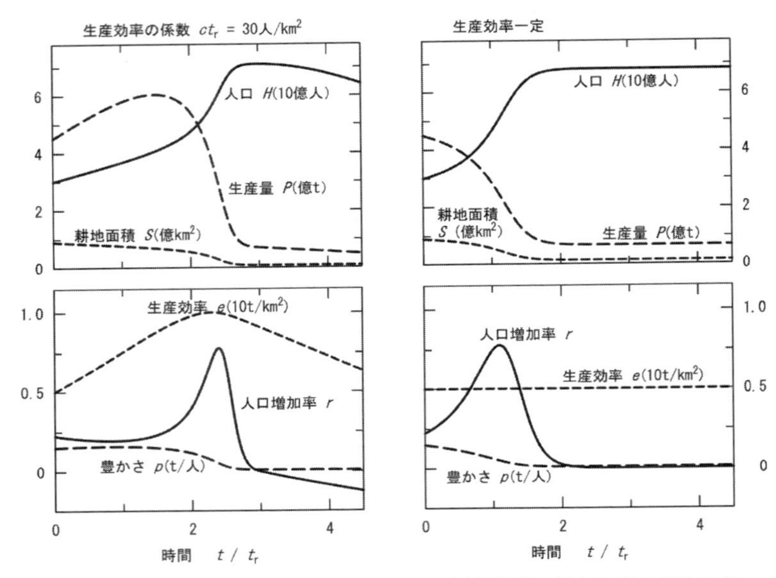

図7.6　人口と食料供給の関係を示す計算例．Pは食料（穀物で代表する）の総生産量，pは一人あたりの穀物生産量で，豊かさの指標とする．図左の2枚は生産効率eが豊かさとともに向上する（(A7.5) 式に従ってct_r = 30人/km^{2}で変わる）場合，右は生産効率が一定値5t/km^2（tはトン）をとる場合である．それ以外の定数は共通にS_t = 1.5億km^2，s = 0.02km^2/人，p_o = 0.01t/人，p_m = 0.04t/人，p_e = 0.07t/人とする．初期条件はt = 0でHが30億人，eが5t/km^{2}とする．計算方法は付録A7参照．

図7.6の左図は技術革新や投資によって生産効率が豊かさとともに向上する場合，右図は生産効率が一定の場合である．生産効率が向上する場合は，当初は豊かになって生産効率が上昇し，人口がゆるやかに増える．ところが，その後人口が急増して農地の侵食が急速に進み，農業生産が急落して人口も減少に転ずる．最終的には農業が崩壊して人類は危機に陥る．

一方，生産効率が一定に保たれる場合（図7.6の右図）には，人口の増加による農地の減少のために生産量はやはり落ちこみ，豊かさは時代とともに失われる．しかし，人口も農業生産も最終的には一定の状態におだやかに落ち着き，急落することがない．人口の増加によって人類は貧しくはなるが，破滅的な没落は回避できる．

豊かになろうとして生産効率を上げることが，逆に人類を破滅に導くという計算結果は逆説的である．この計算は現実を単純化しすぎているきらいがあるが，同様の計算結果は実際の状況を可能な限り考慮したもっと高度なシミュレーションでも導かれ，1970年代初頭に「成長の限界」というレポートで公表された[50]．そこに記載されたのは，人口，工業生産，食料生産，資源，環境汚染が相互に影響を及ぼし合いながら時間とともに変化する姿である．

このレポートに取り上げられた標準的な計算結果を図7.7に再録する．計算に用いられた多数の定数は1900～1970年の人口，食料生産，鉱物資源量，工業生産量，経済成長率，廃棄物量などの現在量と時間的な推移から決められた．予測の不確定さを考慮して，各変数は適当に無次元化されて時間的な推移のみが示される．表示期間は1900～2100年であるが，時間も控えめに示されている．

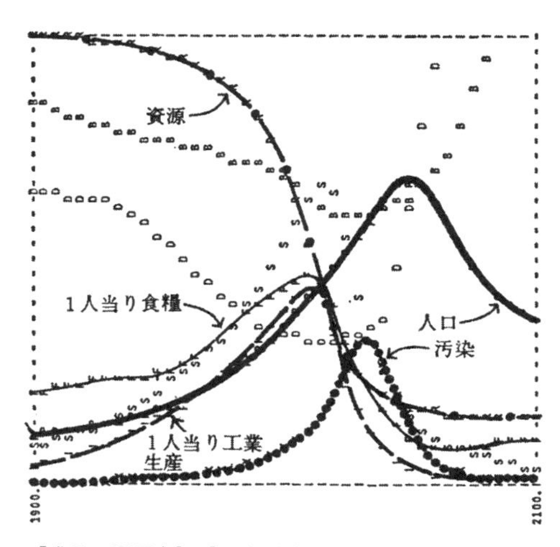

図7.7 レポート「成長の限界」[50] の標準的なシミュレーションで得られた人口，工業生産，食料生産，資源，環境汚染などの時間変化．計算に使われた定数は1900～1970年の各種のデータから推定された．各変数の値は適当に無次元化されており，時間（1900～2100年の期間）も具体的な時期は強調されていない．文字列Bは粗出生率，Dは粗死亡率，Sは1人あたりのサービスの変化を示す．

図7.7によれば，1970年以降も人口，工業生産，食料は幾何級数的に増加し続ける．しかし，生産の増加が資源の減少や汚染の増大を招いて次第に成長を抑制し，やがて成長の止まる時期がやってくる．ただし，相互作用に考慮されている遅れによって，工業化が頂点に達した後も人口や汚染は増え続ける．最終的には食料と医療サービスの低下で死亡率が上がって人口は減少に転ずる．

このような変化が起こる理由は次のように説明されている．人口が増えると工業生産も増加し，天然資源の消費が拡大する．その結果，天然資源に投資する資本の効率が下がって工業生産量が押し下げられる．そのためにサービス資本が減少して，人口の変化にしわ寄せされる．一連の変化の背後には，資源が有限であることがある．

レポートが示唆するのは，経済の成長のために資源が使い尽くされ，汚染が進んで，最終的には人類の破局がやってくることである．破局の時期は強調されていないが，21世紀の後半と想定される．この警告は，1970年代の初めに発表されて当時の識者に衝撃を与え，それが端緒となって世界は物質やエネルギーの再生を重視する循環型社会に向かう取組みを始めた．

レポートが発表されてからすでに40年余りが経過した．この間に地球環境の保全や再生可能エネルギーの活用などに向けて様々な努力が払われた．しかし，人口の増加や汚染の拡大が人類の未来を脅かすという指摘はまだ解除できる段階にはない．

第8章 人間の移動と避難

災害が予測されたり起きたりしたときに，被災が予想される場所からどう避難するかは防災上の重要課題である．避難を検討する基礎として，人間や自動車の移動を解析する手法を概観する．解析には有料無料の多数のプログラムが準備されているが，ここでは基本的な例題をおりまぜながら解析方法の基礎を学ぶ．

8.1 人間の歩行の解析

人間の行動は自由意志に基づくので多様で複雑なものになりがちだが，歩行などの移動については，自由意志は目的地，移動方法，通過する経路や速度を決定する行為に集約できる．移動方法や移動速度は個人の身体能力などにも依存するが，それも人間の意思に含めることにする．人間は道路などの環境の制約と他の歩行者や自動車などの作用を受けながら，意思を働かせて移動するわけである．

人間や自動車の移動はシミュレーションで特徴が抽出でき，結果は道路などの通行設備の設計や管理に役に立つ．地震や火災などの災害時や，行事などの混雑時に人々がとる行動の予測は，避難方法の検討や事故の防止に活用できる．このようなシミュレーションの中心課題は，信号などの環境や人間や自動車同士の相互作用のために円滑な移動が妨げられる状況の解析である．

物理学で扱う物体の運動は質量，運動量，エネルギーの保存などの普遍的な法則に立脚するが，人や自動車の移動を支配する法則は自明でない．そこで，移動を計算するために様々な方法が試みられ，得られる結果の妥当性から適用の可否や条件が評価される．通常の計算に使われる方法は大別して3通りに分けられる．

その一つは流体力学と同様に人や車の集まりを連続体とみなす方法で，簡単な計算で全体の特徴を抽出する目的に適している[51]．2番目は移動が物体と類似な運動方程式に支配されると考える方法で，この節ではそれを人間の歩行に適用する．3番目は人や車を箱（セル）に入れて移動を箱の間に限定する方法（セル・オートマトン法）で，8.4節ではこの方法で自動車の走行を解析する．

さて，運動方程式を用いて人間の歩行を解析する方法を考える．運動方程式とは速度の変化が力によるとする定式化で，物理学で扱う物体の運動では力として重力（万有引力）や電磁力などを扱う．一方，人間は視覚や聴覚を働かせながら自分の意思で移動するので，力は人間の意志，人間間の相互作用，歩行環境などを表現するものになる．このような力はソーシャル・フォースとよばれる．

運動方程式を用いて歩行を解析するときに，個々の人間は空間を移動する点とみなして，時間を追ってその位置と速度を追跡する．ソーシャル・フォースは点に働く力になる．ここでは，ヘルビングによる定式化[52]を一部簡略化して，平面上を移動する人間の集団に適用する．解析方法の詳細は付録A8に記載する．ソーシャル・フォースは以下の三つの部分から構成される．

第1の部分は「望ましい移動速度」を用いて人間の意志を表現する．望ましい移動速度とは意思が決める移動方向と速さのことで，他の作用に抗して移動を自分の意思に近づけようとする力である．他の作用が存在しなければ，緩和時間程度の時間が経過した後に実際の移動が望ましい移動速度に落ち着く．望ましい移動速度は一般に場所や時間とともに変化するが，ここで扱う例題では一定とする．

ソーシャル．フォースの2番目の部分は道路の端から働く斥力である．斥力は道路の端に近づくと増大する．人間の移動方向にも依存して，道路の端に向かうと大きくなり，離れると小さくなる．斥力のために人間は通路からはみ出さずに通行するが，斥力を超える力が働けば道路の外に飛び出す．

3番目は人間間の相互作用を表現する力である．相互作用には知人同士が近づこうとするようなときに働く引力も考えられるが，ここでは人間が近づきすぎないように作用する斥力のみを考慮する．斥力は人間間の距離や相対速度に依存して変化し，その性質は通路の端から働く力と類似する．

図8.1は道路を行き交う人間集団の移動を追跡する計算結果である．この例では幅5mの道路を50人ずつの集団が反対方向に歩いていく．人の位置は黒丸で，移動速度は矢印の向きと大きさで示す．計算の出発時（$t = 0$s）には，人の位置には乱数で多少ばらつきをもたせるが，移動の速さは両集団とも一様に1m/sである．この速さと方向をそれ以後は意思を表現する望ましい移動速度とみなす．

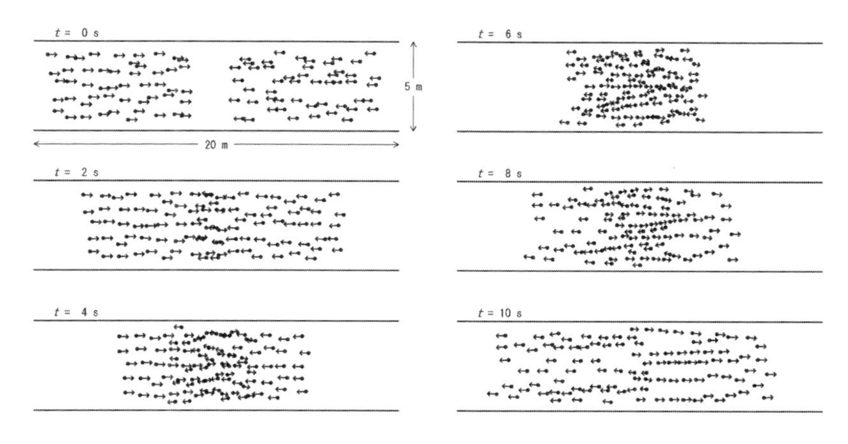

図8.1　道路を行き交う人間の歩行．両側から反対方向に向かう50人ずつの集団が行き交う様子をソーシャル・フォースのモデルでシミュレーションする．人間の位置を●，移動方向と速さを矢印で示す．速さは矢印の長さに比例し，初期状態（$t = 0$s）で全員がもつ1m/sを他の図でも基準にする．初期状態での移動方向と速さがその後も移動の意思を表現するu_iになるものとする．ソーシャル・フォースの定数（付録A8）は$\tau = 2$s, $p_w = 2$m/s^2, $p_h = 1$m/s^2, $s_w = r_h = 0.2$m, $v_w = v_h = 3$m/sとする．

時間が経過すると，反対方向に歩く二つの集団は接触し，互いに入り乱れてそれぞれの方向に移動する．この時点になると，移動が多少遅くなり，ときには迂回も必要となるが，二つの集団はお互いの隙間を通りぬけて通過し，最終的には反対方向に離れていく．

ここで注目されるのは，二つの集団が行きかう際に各人がばらばらに隙間を通り抜けるのではなく，同じ方向に向かう人が後に続いて列をつくることである．その結果として，人の流れの中に右側に向かう通り（レーン）と左側に向かう通りが形成される．この計算例では，通りは単独の列であったり2列で構成されたりする．

混雑した道路で通りのような構造ができることは日常的にも経験する．シミュレーションを様々な条件で実行することで，通りの数と道幅の関係などについて定量的な議論も可能になる[52]．同様な解析結果として，交差点を通る人の流れについてシミュレーションで解析し，実際の人の流れと比較した例がある[53]．

8.2 通行の難所となる狭い道

歩行者のシミュレーションをする研究に重要な動機となったのは，イスラム教徒がサウジアラビアのメッカに集まる大巡礼（ハッジ）での人の流れである．この行事には数百万人もの巡礼者が参加して，何度も事故が起きたことがある．特にジャマラート橋では儀式で立ち止まる巡礼者のために人の流れがとどこおり，巡礼者が押されて死亡事故が頻発した．死亡者が1000人を超えたこともある．大巡礼での人の流れは解析や事故の防止を目的に度々シミュレーションの題材にされてきた．

日本でも2001年に兵庫県明石市の花火大会のときに歩道橋に見物客が殺到して11人が死亡した．海岸に出る歩道橋の曲がり角で多数の人々が見動きとれなくなって転倒し，そこに人が折り重なって圧死事故に発展したのである．

これらの事故を頭において，道路が狭くなる場所を通行する人の流れを解析する．通行が妨げられるときに人の流れがどうなるかをみるのである．解析には前節と同じ運動方程式を用い，ソーシャル・フォースの定数も同じ値に設定する（図8.1の説明参照）．

解析結果の一例を図8.2に示す．この例題では幅5mの道路の一部が幅1m

にまで狭まっている．(a)～(c) には，3通りの人数に対応して通行人の流れが比較的落ち着いた時刻を選び，全員の位置と速度を黒丸と矢印で描く．歩行者の意志を表現する望ましい移動速度は共通に左から右に1m/sである．3通りの各々で適当に選んだ通行人がたどる速度の変化を (d) に示す．

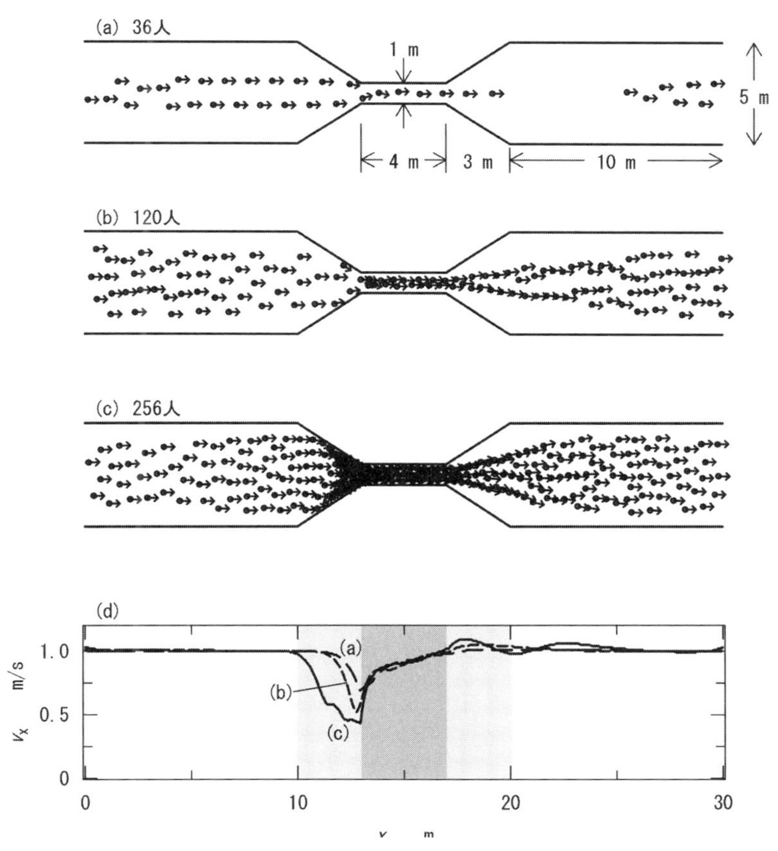

図8.2　道路が狭くなる場所を通行する人間の流れ．(a)～(c) では人間の位置を●，移動方向と速さを矢印で示す．人数は表示範囲に含まれる総人数である．(d) は (a)～(c) の各場合について適当に選んだ通行人がたどる速さの変化を追う．移動の意志を表す望ましい移動速度は，全員が1m/sで左から右に向かう．道路の端には周期境界条件が課され，図の右から抜けた人間は道幅の同じ位置に同じ速度で左から入る．ソーシャル・フォースの定数は図8.1と同じである．

図8.1に表示される人数は表示範囲に存在する総人数である．計算には周期境界条件を適用しており，道路の右端に達した通行人は道幅の同じ位置に同じ速度で左から入ってくる．そこで，総人数は一定に保たれる．

計算結果をみると，通行人の人数が少ない場合（a）は通行が比較的スムーズである．2列で歩いてきた人の群れは幅1mの狭い道幅に入ると1列になるが，人の流れは目立ってとどこおることがない．流れが途絶える時間帯もある．しかし，最も狭い場所に入る直前には速度が7割程度にまで落ちこむ．そこに入ってしまえば速度は回復に向かうが，望ましい速度に戻るのは出口を出た後である．

（b）や（c）のように人数が増えると，人の流れは絶え間がなくなる．最も狭い場所を通過する通行人の列も1列から2列に，さらに3列になり，速度もそこに入る直前には半分以下になる．速度が遅くなる渋滞の範囲も，人数の増加とともに次第に入口の手前に広がっていく．速度の低下に合わせて通行人は密集し，加わる力も大きくなる．最も狭い領域に入った後は，背後からの力のために速度が加速され，出口付近では望ましい速度よりむしろ大きくなる．

人数が増えすぎて事故が起こるとしたら，そこは通行人が密集する最も狭い領域の手前か内部であろう．手前では密集する通行人に加わる力が高まり，身体が圧迫されて移動が妨げられる．内部や出口付近では，通行人が密集する状態は解除されないのに，背後から押されて速度は高まる．このような場所で誰かがつまずいて転倒でもしたら，その上に人が折り重なって圧死事故も起こりかねない．押された通行人が道路の外に飛び出す事故も起こるかもしれない．

この簡単な計算例からみても，歩行に関するシミュレーションは人が密集する場所で起こる事故の原因解明や発生防止に活用できそうである．コンピュータの性能が高まった現在では，シミュレーションを実際の環境に近づけるのは難しくない．予測の信頼性を高める上で重要なのは，計算に使われる定数の精度を上げることと，事故が起こるときの状況を定量的に見極めることであろう．

8.3 歩行による避難

歩行のシミュレーションが対象とする重要な問題に，災害や事故が起きたときの避難行動がある．避難が必要になる状況は多様であるが，ここでは大きな会場などの室内にいる人たちが，火災や地震などの知らせを受けて急遽脱出する事態を想定する．この想定は，あちこちに散らばる人たちが共通の通路をたどって避難する行動の最も単純な場合である．

シミュレーションで想定するのは15m四方の正方形の会場で，そこに幅1mの出口が1箇所ついている（図8.3）．出口の先にはさらに短い廊下が続く．会場はほぼ一様に人で埋まっていて，時刻$t = 0$に避難の指示が出ると，その人たちが一斉に出口に向かって移動を開始する．

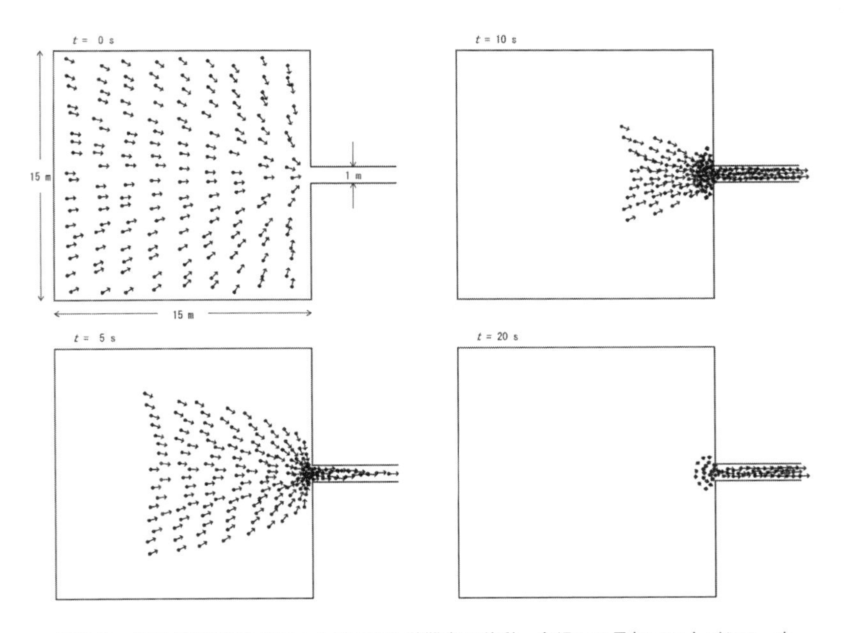

図8.3 出口が1箇所の会場から脱出する避難者の移動．会場には最初162人がおり，時刻$t = 0$で災害や事故を知らされて一斉に避難を開始する．移動の意志を表す望ましい移動速度は速さが1m/sであり，移動方向は会場内では出口に向かい，通路に入ると右に向かう．ソーシャル・フォースの定数は図8.1と同じである．

解析には8.1節や8.2節と同じ運動方程式を用い，人や通路の性質を表わすソーシャル・フォースの定数も同じ値に設定する（図8.1の説明参照）．望ましい移動速度は避難者に共通に速さを1m/sとし，移動方向は会場内ではそれぞれの位置からみて出口方向，出口から出た後は廊下に沿って会場から離れる方向とする．

避難を始めてから5秒，10秒，20秒が経過した後の人の位置と速度を図8.3に黒丸と矢印で示す．$t=0$に皆が出口に向かい，出口に近い人から避難を始める．出口や廊下は狭く，最大で3列程度でしか通行できないので，出口の手前はすぐに人がたまって渋滞する．最初に会場にいた162人全員が避難を完了するのは，33秒余りの時間が経過したときである．

このシミュレーションで得られた会場と通路にいる総人数の変化を，最後尾の避難者の位置とともに図8.4に示す（実線）．計算結果は最初の人数を半分の81人にした場合とも比較する（鎖線）．この図によれば，避難は始まってから10～20秒後ころに最も効率的に進む．避難者の人数が増えると，全員が避難するのに時間が長くかかるようになるが，それは主に出口の手前で渋滞が増し，そこを通り抜けるのにかかる時間が増えるためである．

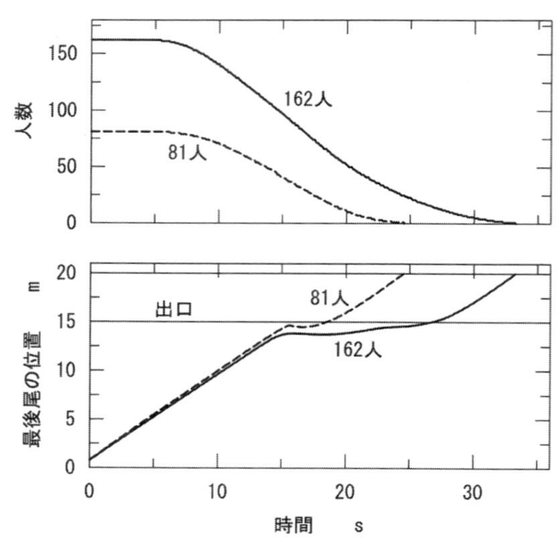

図8.4　会場から脱出する避難者のシミュレーションで，会場と通路に残る総人数と最後尾の位置の時間変化．実線は会場の初期人数が162人の場合（図8.3と同じ），破線は81人の場合である．

このシミュレーション結果からも，避難を円滑に進める上で渋滞を減らすことの重要性が示される．渋滞を減らすには，出口の数を増やしたり，出口の幅を広げたりすることが有効な対策になる．出口の手前に柱などがあるほうが人の流れがスムーズになり，避難にかかる時間が短縮できると示唆するシミュレーション結果もある．

望ましい移動速度を高くしても，渋滞がかえってひどくなって避難に時間がかかるという指摘もある[54]．あせって皆が早く逃げようとすると，パニックが起きてかえって避難が難しくなるというのである．避難が最も円滑に進む移動速度は1m/s程度だという．

避難行動については様々な状況に対応して多数のシミュレーション結果が公表されている．シミュレーションを自分で実行するために有料や無料のプログラムを入手することもできる．ただし，計算方法や用いる定数などが十分に固まっているとはいえず，目的に適合した結果が得られるかどうかは個々の問題に応じて慎重に検討する必要があろう．

8.4 自動車の走行

長距離の移動に人間は鉄道，自動車，飛行機，船などを利用する．この内で自動車の走行は運転者の自由意思が働く余地が大きく，歩行と同様に自動車同士の相互作用が問題になる．特に，多数の自動車が道路にひしめいて起こす渋滞は，自動車を使う人々の共通の関心事であり悩みである[55]．

事故や災害からの避難に自動車を利用する場合も最大の障害は渋滞にある．避難に自動車を使うことは，同じ方向に向かう多数の自動車のために激しい渋滞が起こる可能性が高いので，避けるのが原則である．しかし，病人などの弱者の避難や長距離にわたる避難には自動車の利用が避けられない．避難に歩行と自動車をどう組み合わせるかは，ハザードマップで避難方法を定めるときに十分に検討しておくことが望まれる．

米国ではハリケーンから避難するために多数の自動車が州を超えて移動し，大渋滞を起こしたことがある．日本でも，原子力発電所で事故が起きたときには数十kmにわたる避難が必要とされ，避難の主な手段は自動車になる．

自動車の走行にも歩行者の移動と同様に自由な運動を解析する手法がある．しかし，自動車は大きさが無視できず，走行が車線に強く規制されるので，その制約を自由な運動と両立させて表現するのはかなり面倒である．むしろ，車線に規制されるという条件を前面に出す解析法のほうが簡単に扱える．

このような解析法にセル・オートマトン法があり，それが自動車の走行を解析する目的によく使われる[56]．セル・オートマトン法は空間を細胞状の小さなセルに分割してセル間の相互作用を解析する手法で，生物の活動や化学反応でできる模様などを解析するために，またコンピュータの並列計算のモデルとして広く活用されている．

セル・オートマトン法を用いた解析では，車線を自動車1台分の小さな区画（セル）に区切って，自動車の各々をどこかのセルに入れる．セルは自動車が1台入るか空であるかのどちらかである．1車線の道路は1列のセルで，2車線の道路は2列のセルで，また交差点は別な方向に伸びるセルの交わりで表現する．自動車は隣接するセルをたどって移動するので，走行は単純化され，計算がずっと簡単になる．そのために，自動車の台数がかなり多くても，また道路の構成がかなり複雑でも，解析が可能になる．

実際の道路はもちろんセルに分かれているわけではないが，セルを想定することで自動車が車線のある範囲を排他的にしめるという条件が自動的に満たされる．自動車の移動はセル間に限定されて連続性が失われ，そのために計算結果の精度が多少落ちることになるが，定式化や計算の容易さはその不利益を補って余りある．

セル・オートマトン法では自動車の移動は独自に定める規則に従う．解析の対象となる交通システムは規則によって完全に制御される．規則には，前を走る自動車との関係，車線変更の方法，交通信号への対処，交差点での曲がり方など多様な内容が含まれる．規則は原理的には自由に設定できるが，実際の走行に合わせようとすると，あまり多くの任意性が残されない．

最も単純な例として，信号のない1車線の道路を1方向に走る自動車の走行を考えよう．道路（車線）を等間隔のn個のセルに分割し，走行する方向に沿ってセルに0から$n-1$までの番号をつける．さらに，道路の始点と終点を結んでループをつくり，n番目のセルは0番目のセルと同じであるとする．この周期境界条件を課せば，自動車はループを回って長時間走行でき，その間に到達する定常的な状態も議論できるようになる.

時間も一定の間隔で区分して，それを単位に時刻tを整数値で表す．道路には同じ大きさと性能をもつm台の自動車が走るとして，走行方向に沿って自動車に後ろから順に番号をつける．自動車iの位置（セル番号）をx_i，前の時刻との間の速度をv_iとする．速度は時間間隔1の間に自動車が移動するセルの数で表現する．速度の最高値（制限速度）をVとすれば，v_iは0, 1, ..., Vのいずれかの値をとる.

自動車の走行を支配する規則は，次のように定めることにしよう.

(1) 速度v_iは前を走る自動車との車間距離$x_{i+1} - x_i - 1$（負になったら周期境界条件からnを加える）より大きくなれない.

(2) 速度v_iが車間距離より小さく，制限速度Vと比べても小さいときは，v_iを1段階高めて$v_i + 1$とする.

自動車の走行は，初期時刻$t = 0$における自動車の配列と速度を設定すれば，この規則に従って時間を追って順に決められる．すなわち，時刻tで全ての自動車の位置x_iと速度v_iが定まったとして，規則（1）と（2）に従って，まず時刻$t + 1$での速度を前の時刻の値から次のように修正する．速度が車間距離より大きいときは車間距離と同じにする．速度が車間距離よりもVよりも小さいときは1だけ増やす.

こうして得られたv_iを用いて時刻$t + 1$での自動車の位置を$x_i + v_i$に変えたいわけだが，新しい位置では自動車が重なり合ったり追い越したりする可能性もある．それを避けるためにv_iが適正かどうかさらに次の手順で検討する.

まず，自動車の先頭$i = m - 1$から始めてiを1つずつ下げながら，時刻$t + 1$で想定される車間距離をチェックし，重なりや追い越しが生じたら，そうならないようにv_iを下げる．こうして$i = 0$まで検討を終えたら，$i = m - 1$と前を走る$i = 0$との車間距離を検討する．その結果v_{m-1}に変更が生じたら，同じ操作を自動車全体に対して繰り返す．変更がなければ時刻$t + 1$で自動車の速度を固定し，位置を$x_i + v_i$にする.

このような計算で，すべての自動車の位置と速度を初期状態から時間を追って決めることができる.

セルの数nを100とし，自動車の台数mを可変にして，走行状態が比較的落ち着いたある瞬間の自動車の位置と速度の分布を図8.5に示す．ここでは最高速度Vは3に設定する．mに対応する各々の図で自動車の位置は横軸に，速度は縦軸の長さで示す．自動車の位置と速度は時間とともに刻々と変わるが，定常状態になると分布の全体的な傾向は保持される．

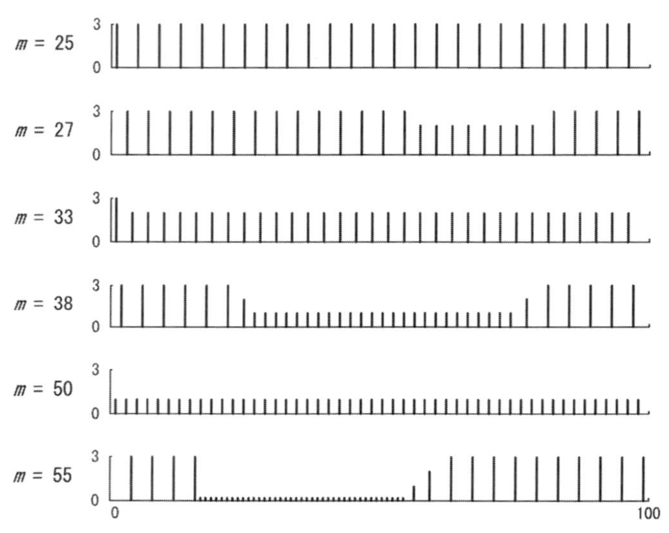

図8.5　自動車の位置（横軸）と速度（縦軸）の分布．信号のない1車線の道路を1方向に走る自動車の走行をセル・オートマトン法で解析した結果で，セルの数nを100，最高速度Vを3にし，自動車の台数mを可変にして，状態が落ち着いたある瞬間の分布を示す．m = 55の場合は最低速度が0であるが，自動車の位置を短い縦線で示す．

計算結果によれば，自動車の台数mが25台以下のときは，定常状態ではすべての自動車が最高速度3で走る．しかし，mがそれを超えると，最高速度で走れない自動車が現れる．速度の分布は様々な形態をとるが，速い自動車と遅い自動車が各々まとまって空間的に分離する傾向をもつ．いいかえれば，遅い自動車が集まる渋滞の領域が出現する．

ただし，渋滞の範囲は空間的にも自動車に対しても固定されるわけでなく，走行と逆方向にずれていく．そこで，渋滞領域の一番前にいる自動車は次の時刻には高速で動けるようになり，逆に，後ろから渋滞領域に達した自動車は次の時刻には渋滞に巻き込まれる．

台数が増えると遅いグループが走行する速度が次第に下がり，mが55台を超えると，完全に停止する自動車が現れる．完全な渋滞が発生するのである．

なお，図8.5の$m = 55$の図で，短い縦棒は自動車の位置を示すために加えたもので，その速度は0である．

計算結果を整理するために，自動車の平均速度と交通流量を台数の関数として図8.6に描く．ここで交通流量とは空間の固定点を単位時間に通過する台数のことで，道路の輸送効率を表現する．計算では各セルを通過する台数をすべてのセルにわたって平均した値を用いる．自動車の台数は交通密度m/nで表現し，速度の平均値は制限速度Vとの比で表す．定常状態では，交通流量は平均速度と交通密度の積になる．

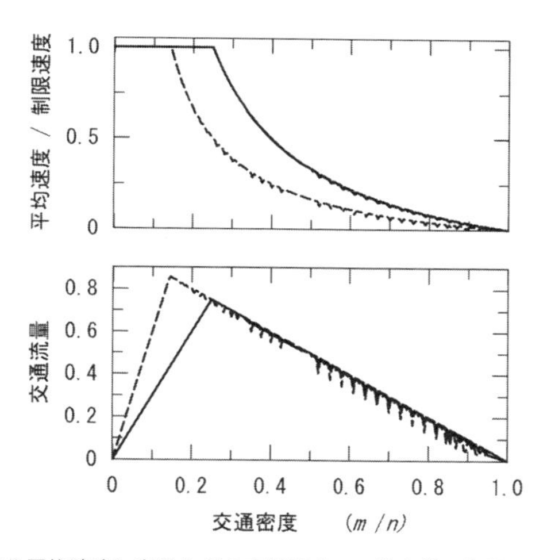

図8.6 自動車の平均速度と交通流量の交通密度への依存性．信号のない1車線の道路を1方向に走る自動車の走行をセル・オートマトン法で解析した結果である．実線はセルの数nが100，最高速度Vが3の場合，点線は$n = 200$で$V = 3$の場合（実線と重なってほとんど区別できない），破線は$n = 200$で$V = 6$の場合である．渋滞は交通流量が最大になる位置（臨界密度）より交通密度が大きいときに発生する．

図8.6には3通りの計算結果がまとめられる．実線は$n = 100$で$V = 3$の場合（図8.5と同じ計算）である．$n = 200$で$V = 3$の場合を点線で示すが，計算結果は$n = 100$の場合とほとんど同じになって図ではほとんど区別できない．破線は$n = 200$で$V = 6$の場合である．

図8.6によると，自動車の走行は交通密度の小さい範囲と大きい範囲に明確に分かれる．ただし，nとmがあまり大きくないので計算にはかなり大きなゆらぎが生ずる．交通流量でみると，二つの範囲が正および負の傾きをもつ直線で

表現され，その境目になる臨界密度で交通流量が最大になる．平均速度は密度の小さい側で制限速度と一致し，大きい側で密度とともに急速に下がる．密度の大きい側には渋滞が生じており，そのために通過に時間がかかる．

8.5 交通渋滞の発生と回避

自動車の密度や交通流量は，道路脇にセンサーを設置して自動車が通過する時刻を刻々と記録することで実際に計測することができる．図8.7は東名高速の焼津市付近で計測されたデータから自動車の密度と交通流量の関係を描いたものである．この図で交通密度は道路1kmあたりに存在する自動車の台数で，また交通流量は5分間に通過する自動車の台数で表現する．

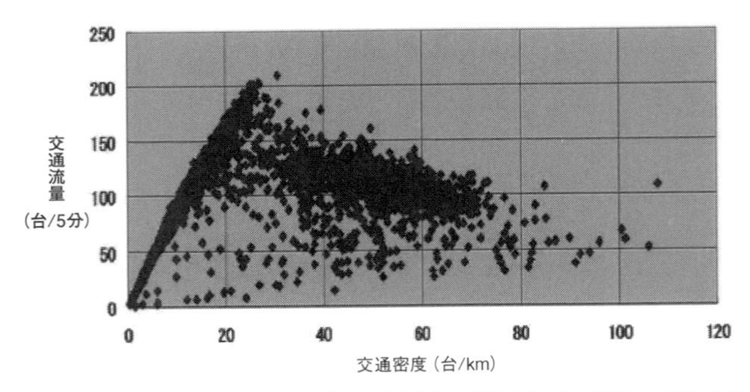

図8.7　東名高速で計測された交通密度と交通流量の関係 [57]．焼津市付近の追い越し車線で得られた1か月分のデータである．

実際に計測された交通流量と交通密度の関係は，セル・オートマトン法による計算結果（図8.6）と似て，交通流量がピークとなる臨界密度を境に二つの領域に分かれる．低密度側は交通流量が密度とともにほぼ直線的に増加し，高密度側は交通流量が密度とともに減少する傾向にある．ただし，実測で得られた関係は自動車や運転者の多様性，計測場所以外の影響などのために特に高密度側でばらつく．

前節で指摘したように，渋滞は自動車の密度が臨界密度より大きくなると発生し，その条件下では平均速度は自動車の密度が高くなるほど小さくなる．臨界密度は制限速度が大きくなるほど低密度側にずれるから，密度が同じでも高速道路では自動車が渋滞し，一般道路では円滑に走行するようなことが起こりうる．

自動車の密度が臨界密度よりかなり高いときは，渋滞は避けようがないが，臨界密度の付近ではわずかな条件の差で渋滞が起きたり起きなかったりする[55]．その場合，渋滞の発生理由が運転者にも明確に推測できる場合がある．たとえば，車線の数が進行すると減少する場所は，道路の容量が小さくなるから渋滞が起きても不思議でない．交通信号，事故の発生場所，高速道路の料金所など，自動車が強制的に停止させられる場所でも，その手前が渋滞することは納得がいく．

一方で，理由が判然としないのに渋滞が起こることもよくある．臨界密度の付近で渋滞がうまく避けられているときに，道路のある範囲で平均速度が多少下がると渋滞に陥ることがあるという．速度の低下が起こり易いのは，道路がトンネルやカーブにかかったときである．道路がわずかに傾斜するサグ部といわれる場所でも，運転者が明確に意識しない内に速度が低下しがちだという．

速度が低下するこのような場所で渋滞が起こるのは，その前後と同じ交通流量を維持しようとして自動車の密度が局所的に増大し，臨界密度を超えるためであろう．渋滞の前段階では，密度が高く車間距離が短い状態が運転者の努力で無理に維持されている．この不安定な状態（メタ安定な状態）が何らかのきっかけで崩れて渋滞に移行するといわれている．

さて，交通を適切に管理するには交通渋滞をどう回避しどう緩和するかが重要な課題であり，そのために様々な対策が施されている[58]．個々の対策の有効性を検証する目的にはシミュレーションも活用される．シミュレーションのために自動車の性能や道路の状況を詳細に取り入れられるプログラムもつくられている．

一般道路では信号が渋滞の大きな原因になっており，信号の制御は交通を管理する上で基本的な課題である．信号を制御する原則は，各方向で道路を渡りきれるように青信号の時間を自動車と歩行者に割り振りながら，切り替える時間をできるだけ短くすることである．赤信号による停車時間を短縮するために，連続する信号を一括して管理する方策もとられる．渋滞の緩和策には交通情報の提供，路上駐車の禁止，ETC による料金の自動徴収などもある．

付 録

A1 上空の大気の状態

実際の大気の運動は地球の球面上で起こるが，簡単のために，ここでは平面上の直行座標系で表現する．北半球の温帯を想定して，x軸を東向き，y軸を北向きにとれば，水平流速の成分 (v_x, v_y) は次の運動方程式を満たす[6] [15]．

$$\frac{dv_x}{dt} = fv_y - \frac{1}{\rho}\frac{\partial p}{\partial x} \qquad \frac{dv_x}{dt} = -fv_x - \frac{1}{\rho}\frac{\partial p}{\partial y} \tag{A1.1}$$

ここで、tは時間，pは圧力（気圧），ρは大気の密度，fはコリオリ・パラメタである．

(A1.1) の左辺の微分は，大気と一緒に運動する際の時間微分(ラグランジェ流の微分）を意味し，通常の偏微分とは次のような関係で結ばれる．

$$\frac{dv_x}{dt} = \frac{\partial v_x}{\partial t} + v_x\frac{\partial v_x}{\partial x} + v_y\frac{\partial v_x}{\partial y} + v_z\frac{\partial v_x}{\partial z} \tag{A1.2}$$

大気の密度とコリオリ・パラメタは以下の式で計算される．

$$\rho = \frac{Mp}{RT} \qquad f = 2\omega\sin\theta \tag{A1.3}$$

この第1式は大気の密度を理想気体の状態方程式で近似したもので，Tは絶対温度，Rは気体定数（8.31J/mol.K），Mは空気の平均分子量（29g/mol）である．第2式のωは地球の自転の角速度（$7.29\text{x}10^{-5}$rad/s）で，θは緯度である（図3.1では45°を仮定）．

すべての点の速度が時間的に変化せずに一定に保たれる状態（定常状態）では，高次の項を無視すると，(A1.1) から流速は次のように定まる．

$$v_x = \frac{1}{f\rho}\frac{\partial p}{\partial y} \qquad v_y = \frac{1}{f\rho}\frac{\partial p}{\partial x} \tag{A1.4}$$

この関係を満たす大気の流れが地衡風である．地衡風は圧力勾配とコリオリ力が釣り合う状態である．規模の大きな大気の運動はコリオリ力が顕著に働いて地衡風でよく近似される．

上空での大気の温度と圧力は，平均的には重力下を断熱過程で上下する乾燥大気の状態で近似できる[6] [15]．この近似でエネルギー保存則と理想気体の状態方程式を組み合わせると，高さzにおける大気の絶対温度T_uと圧力p_uは，地表の温度T_sと圧力p_sと次の関係にある．

$$T_u = T_s - \frac{g\gamma M}{R}z \qquad P_u = P_s\left(1 - \frac{g\gamma M}{RT_s}z\right)^{1/\gamma} \tag{A1.5}$$

ここで，gは重力加速度（9.81m/s^2）である．比熱と比気体定数（R/M）の比γには2原子分子に対する値2/7を使うことにする．

（A1.5）式を使って地表の温度と圧力が平衡状態で上空にどうつながるかをみる．地表の温度は緯度だけに依存して距離の1次関数で表現されるとしよう．

$$T_s = T_o - b(y - y_o) \tag{A1.6}$$

ここで，T_o, y_o, bは定数である．なお，図3.1では$y_o = 0$, $T_o = 288$K, $b = 0.1$K/kmとした．

地表の圧力は，高気圧と低気圧を次のようなゆらぎとして含むものにする．

$$P_s = P_0 + P_h \exp\left(-\frac{(x-x_h)^2 + (y-y_h)^2}{r_h^2}\right) - P_l \exp\left(-\frac{(x-x_l)^2 + (y-y_l)^2}{r_l^2}\right) \tag{A1.7}$$

ここで，p_oは地表の平均的な圧力（10^{5}Pa = 1000hPa）である．高気圧と低気圧の分布は，中心の圧力変化をp_hとp_l，中心の位置を（x_h, y_h）と（x_l, y_l），半径をr_hとr_lとした．なお，図3.1では$p_h = p_l = 20$hPa, $r_h = r_l = 800$km, $x_h = -1200$km, $x_l = 1200$km, $y_h = y_l = 0$と設定した．

図3.1は，上空の温度と圧力を地表の温度と圧力から（A1.5）式を適用して計算した結果である．ここで，流速は地衡風の条件を仮定して（A1.4）式から得た．これらは各地点で平衡状態を満たすように決められた大気の状態である．

A2 大気上昇流中の水蒸気の凝結

上昇する大気中で水蒸気は凝結して雲をつくる．この現象がどのように進行するのか，簡単なシミュレーションで調べる．想定するのは水蒸気を含む孤立した大気の塊が乾燥大気中を真上に上昇する過程である．

大気塊の高さzと上昇速度v_zは時間tとともに次の方程式を満たして変化する．

$$\frac{dz}{dt} = v_z \qquad \frac{dv_z}{dt} = g\frac{\rho_e - \rho}{\rho} \tag{A2.1}$$

第1式は速度の定義，第2式は浮力に制御される運動方程式（運動量保存則）である．ここでgは重力加速度，ρとρ_eは大気塊と周辺大気の密度である．

周辺大気の密度は理想気体の状態方程式から絶対温度T_e，圧力pと次の関係にある．

$$\rho_e = \frac{M_a p}{RT_e} \tag{A2.2}$$

ここで，Rは気体定数，M_aは空気の平均分子量である．

周辺大気を乾燥大気で近似すれば，その温度と圧力は，対流圏（$z < z_{\mathrm{m}}$）と成層圏（$z > z_{\mathrm{m}}$）で表現を分けて，高さzから次式で計算できる[6] [15]．

$$T_e = T_s\left(1 - \frac{g\gamma M_a}{RT_s}z\right) \qquad P = P_s\left(\frac{T_e}{T_s}\right)^{1/\gamma} \qquad (z < z_m)$$

$$T_e = T_m \qquad P = P_s\left(\frac{T_m}{T_s}\right)^{1/\gamma} \exp\left(-\frac{gM_a}{RT_m}(z - z_m)\right) \qquad T_m = T_s\left(1 - \frac{g\gamma M_a}{RT_s}z_m\right) \qquad (z > z_m) \tag{A2.3}$$

ここで，z_mは対流圏上端の高さ（10000m），p_sとT_sは地表での周辺大気の絶対温度と圧力，γは比熱と比気体定数の比である．なお，対流圏に対する第1式と第2式は（A1.5）と同じ式である．

上昇する大気塊が空気，水蒸気，水滴を質量にしてϕ_a, ϕ_v, ϕ_wの割合で含むとすると（$\phi_a + \phi_v + \phi_w = 1$），大気塊の平均密度$\rho$は次式で表される．

$$\rho = \frac{(M_a\phi_a + M_v\phi_v)p}{R(1 - \phi_w)T} \tag{A2.4}$$

ここでTは大気塊の絶対温度, M_vは水蒸気の分子量（18g/mol）である. 力の釣り合いを考慮して, 大気塊の圧力pは周辺大気と同じとする. 空気と水蒸気には理想気体の状態方程式を用い, 水滴の体積は無視する.

大気塊の温度Tを計算するために, 次のエネルギー保存則を考慮する.

$$\frac{d}{dt}\left[(\phi_a C_a + \phi_v C_v + \phi_w C_w)T\right] = -p\frac{d}{dt}\left(\frac{1}{\rho}\right) + \Delta U \frac{d\phi_w}{dt} \qquad \text{(A2.5)}$$

ここで, C_a, C_v, C_wは空気, 水蒸気, 水の単位質量あたりの比熱（10^3J/kg.Kを単位にして$C_a = 1.0$, $C_v = 2.08$, $C_w = 4.2$), ΔUは凝結の潜熱（2.4×10^6J/kg）である.（A2.5）式の左辺は大気塊の単位質量あたりの内部エネルギーの変化率, 右辺第1項は膨張で外部に力学的に渡すエネルギー（すなわち断熱膨張による冷却の効果), 第2項は凝結によって大気塊内部に放出される潜熱である.

水蒸気の凝結は, 実際にはしばしば過飽和の状態で起こるが, ここでは次の平衡条件を満たしながら進行すると仮定する.

$$\frac{M_a \phi_v}{M_v \phi_a + M_a \phi_v} p = P(T) \qquad \text{(A2.6)}$$

この式の左辺は水蒸気の分圧, 右辺は温度の関数として決まる飽和水蒸気圧である. 分圧が飽和水蒸気圧より小さいときは, 凝結は起こらない.

飽和水蒸気圧は実験などから正確に決められているが, ここではそれを近似的に表現する次のアントワンの式を用いて計算する.

$$\log_{10} P(T) = A - \frac{B}{T - C} \qquad \text{A = 10.1524 B = 1705.62 C = 41.76} \quad \text{(A2.7)}$$

ここで, Tの単位はK, P (T) の単位はP_aである.

凝結が起こる場合にも水の総量は一定だから, 質量保存則から

$$\phi_v + \phi_w = \phi_t = 一定 \qquad \text{(A2.8)}$$

が成立する.

以上で水蒸気の凝結を含む大気塊の上昇過程を計算する方程式がそろっ

た．計算は本質的にはtに関する常微分方程式（A2.1）と（A2.5）を連立して解くことであるが,（A2.5）はこのままでは扱いにくいので, 次のように書き直す.

$$\frac{dX}{dt} = \frac{1}{\rho}\frac{dp}{dt} \qquad X = (C_a\phi_a + C_v\phi_v + C_w\phi_w)T + \frac{p}{\rho} - \Delta U\phi_w \quad \text{(A2.9)}$$

第1式の右辺を（A2.3）式から計算すると,

$$\frac{dX}{dt} = -\frac{gM_a p v_z}{PT_e\rho} \quad \text{(A2.10)}$$

結局, 問題は3変数z, v_z, Xの連立常微分方程式（A2.1）と（A2.10）を解くことに帰着される．この連立常微分方程式を逐次的に解くと，時間tでまず3変数z, v_z, Xが定まるので，それ以外の変数は三つの値から計算することになる．その内でp, T_e, ρ_eはzの値を使って（A2.3）からすぐに計算できるが，他の変数は代数的には求まらないので, 反復法で数値的に計算することになる.

反復法の計算では，試行値としてTを適当に（たとえば前の時間ステップと同じ値に）設定して，（A2.6）式からまずϕ_vを計算する．このときに左辺の分圧が右辺の飽和蒸気圧より小さいときは, ϕ_vを変えない. ϕ_vが変化するときには，（A2.8）からϕ_wを修正する．次に（A2.9）の第2式と（A2.4）からもっと正確なTの値を求める．これを次の試行値として同じ計算を収束するまで繰り返す.

計算には周辺大気の地表の圧力p_sと温度T_sを設定する必要があるが, 図3.2と図3.3ではp_sは10^5Pa, T_sは300 Kにした．さらに，$t = 0$での初期値はzとv_zは0にし, XはT, ϕ_a, ϕ_v, ϕ_wの初期値から計算した．その際にϕ_wの初期値は0にし, Tとϕ_vの初期値を可変にしてその効果をみた.

A3 地震の発生

地震の発生を表現するモデルとして1次元のまっすぐな断層を考え，それを同じ長さLをもつn個のセルに分割する（図4.3a）．断層の端で周期境界条件を仮定して，0番目のセルとn番目のセルは同じとみなす．断層から垂直方向に十分に離れた距離Hにある点は，どこもが横方向(x方向）に一定速度vで動き，それが断層ですべりが起こる大元の原因になると考える．

断層すべりは，せん断応力が強度を超えたセルの内部で，一様かつ瞬間的に起こるものとする．i番目のセルの位置をx_i，時間が0からtまでの間に累積したすべりの総量をu_iとすれば，$t = 0$でx_iにあったセルの位置は，時刻tには$x_i + u_i$の位置まで移動する．

断層付近には実際には複雑な弾性変形が生ずるが，それを単純化してi番目のセルに働くせん断応力σ_iを次の簡単な方程式で近似する．

$$\sigma = \mu\frac{vt - u_i}{H} + \lambda\frac{u_{i+1} - u_i}{L} - \lambda\frac{u_i - u_{i-1}}{L} \tag{A3.1}$$

ここで，μとλは断層を囲む媒質の弾性を表現する定数である．

（A3.1）式の右辺第1項は遠方の運動に引きずられるための応力で，μは剛性率に近い意味をもつはずである．第2項と第3項は隣接するセルからの寄与で，セル間ですべりに差があるときに働く．λは隣接セル間の効果を実効的に表現する弾性定数である．すべてのセルが遠方の移動に完全に追従して$u_i = v_t$になれば，応力は生じない．

どこかのセルiで応力σ_iが強度s_iを超えたときに，すべりが起きて応力を解放する．すなわち，$\sigma_i = s_i$になった瞬間にσ_iは0になり，すべりが生じてu_iが次の値に変化する．

$$\mu_i = \frac{HL}{\mu L + 2\lambda H}\left(\frac{\mu vt}{H} + \lambda\frac{u_{i+1} - u_{i-1}}{L}\right) \tag{A3.2}$$

すべりが起こる時間t_iは，（A3.1）から次のように求められる．

$$t_i = \frac{H}{\mu v}\left(s_i + \mu\frac{u_i}{H} + \lambda\frac{2u_i - u_{i+1} - u_{i-1}}{L}\right) \tag{A3.3}$$

強度s_iはセル間にばらつきをもたせるが，4.2節では時間には依存しないと仮定する．4.5節では，強度の回復に時間がかかることを表現するために，すべりが発生した後の経過時間$t - t_i$とともに次のように変化するものとする（図4.3b）．

$$s_i = b_i\left(1 - \varepsilon\frac{t - t_i}{t_a}\right) \qquad (t_i < t < t_i - t_a)$$
$$s_i = b_i\left[1 - \varepsilon\exp\left(-\frac{t - t_i - ta}{\tau}\right)\right] \qquad (t > t_i + t_a) \tag{A3.4}$$

ここでb_iはセルiの強度の大きさで，セル間でばらつきをもたせる．時間変化を記述する定数ε, τ, t_aはセルに依存しない定数とする．

すべりの発生経過は時間を追って次のように計算する．まず，定数の値とs_iの分布を設定し，さらに$t = 0$におけるu_iの初期分布を決める．s_iの分布とu_iの初期分布には範囲を定めてランダムにばらつきをもたせる．

すべりが発生する時間は不連続なので，計算はそれを追跡する．すなわち，(A3.3) からt_iを計算し，その最小値を次の時間ステップに選ぶ．時間ステップの中間では，強度が回復し，遠方の運動に対応して応力が蓄積する．すべりが発生する時間ステップ内の処理は以下の通りである．

新しい時間ステップに入ったら，すべてのセルに対して (A3.1) からσ_iを計算する．σ_iがs_iより大きいセルがあったら，σ_iを0にして (A3.2) からu_iを変更する．このときに生ずる元の変位との差がすべりである．どこかのセルですべりが起きてu_iが変わると，影響が隣接するセルに及んですべりを誘発することがある．このようなすべりの連鎖を含めて処理がすべて終ったら，次の時間ステップに移る．

数値計算では定数の数を減らすために変数を無次元化する．変位をH，応力をμ，時間をH/vで無次元化すると，関係式 (A3.1) ～ (A3.3) には次式で定義される定数cのみが含まれる．

$$c = \frac{\lambda H}{\mu L} \tag{A3.5}$$

cは遠方の運動の効果と隣接セル間に働く相互作用の効果の比である.

図4.4と図4.7では計算結果は無次元化された変数を用いて表示される. 図4.4の計算には定数としてcのみが寄与する. 図4.7の計算には定数τとt_aも時間と同じ単位で無次元化されて含まれる.

A4 噴火の発生過程

マグマだまりに深部からマグマが供給され, その圧力がΔpだけ高まったときにマグマが上昇を開始するものとする. 通路となる割れ目に沿ってy軸を上向きにとり, $y = 0$を上昇の出発点, $y = H$を地表とする (図5.1左). 上昇するマグマは時刻tに$y = y_m$までの範囲をしめるものとする.

マグマの流れを厚さwの割れ目を通るポアズイユ流で近似すれば, 圧力pは次式を満たす.

$$\frac{\partial p}{\partial y} = -g\rho - \frac{6\eta J}{w^3\rho} \qquad J = w\rho v \tag{A4.1}$$

ここで, gは重力加速度, ρはマグマの密度, ηはマグマの粘性率, Jは割れ目の水平方向の単位長さを通るマグマの流量, vは通路の幅にわたって平均したマグマの上昇速度である.

マグマの上端はそこでのマグマの速度v_mで動き, 地表に達したときに止まる. すなわち

$$\frac{dy_m}{dt} = v_m \quad (0 < y_m < H)\ ; \qquad \frac{dy_m}{dt} = 0 \quad (y_m = H) \tag{A4.2}$$

通路が伸びるためには, 上端でマグマの圧力p_mが高まって岩石を破壊する必要がある. ここでは最も容易に通路が伸びる場合として, 上端でp_mが地殻の圧力と等しくなる条件を仮定する.

$$p_m = p_a + g\rho_c(H - y_m) \tag{A4.3}$$

ここで, p_aは地表の圧力 (大気圧, 10^5Pa), ρ_cは地殻の密度である. この条件

は岩石がほとんど破壊に抵抗する強度をもたずにマグマの侵入を許すときに成立する.

マグマには水蒸気などの揮発性成分が含まれており，それが噴火の性質に強く影響する. 揮発性成分は深部の高い圧力下ではマグマに溶解するが，マグマが上昇して圧力が下がると，発泡して一部が気体になる. 気体の体積の強い圧力依存性により，マグマの密度は次式に従って変化する.

$$\rho = (1 - \psi)(1 + \psi)p_o + \psi\rho_g \qquad \rho_g = \frac{p}{R_v T} \tag{A4.4}$$

ここで，ρ_oはマグマ液体部分の密度，ρ_gは気体状態の揮発性成分の密度，ϕは揮発性成分の全量（溶解する部分と気体部分の合計）とマグマ液体部分の質量比，ψは気体部分がマグマ中にしめる体積の割合である.（A4.4）の第2式は気体となった揮発性成分の密度を理想気体の状態方程式で近似したもので，$R_v T$は比気体定数と絶対温度の積である（水蒸気に対しては6×10^5Pa.m^3/kg）.

揮発性成分は溶解度ϕ_dの分だけマグマに溶解し，それを超える部分は溶解できずに気体になる（過飽和は起こらない）とすれば，ψは次式から求まる.

$$\frac{\psi}{1-\psi} = \frac{(\phi - \phi_d)\rho_o}{\rho_g} \quad (\phi > \phi_d) \quad \psi = 0 \quad (\phi > \phi_d) \quad \phi_d = \left(\frac{p}{p_d}\right)^{\gamma} \tag{A4.5}$$

この最後の式が溶解度を記述する経験式で，マグマに溶解する水蒸気に対しては$p_\mathrm{d} = 6\times10^{10}$Pa, $\gamma = 1/2$という近似値が得られている.

流れの状態は気体の量によって不連続に変化する. ψが小さいと，気体はマグマに気泡を形成し，マグマは全体としては液体状態（気泡流）を保つ. ところが，ψが体積の主要な部分をしめると，マグマの液体部分は破砕されて細分され，気体に粒子として浮く状態（噴霧流）に変わる. 噴霧流になると流れの粘性率が急降下し，（A4.1）第1式の右辺第2項は実質的に0になる. 計算では破砕の条件として$\psi > \psi_f$を用いる.

計算を簡単にするために，各時刻でマグマの流れはほぼ定常状態にあるとする. この条件と質量保存則から流量Jはyに依存しなくなる（tには依存する）. なお，割れ目の幅wとマグマの粘性率ηは一定値として扱う.

実際の噴火ではwとηはマグマの種類によって大きく異なる．この不確定さを計算にもちこまないために次の変数を導入する．

$$J' = \frac{6\eta}{w^3}J \qquad t_u = \frac{6\eta}{w^2}\frac{1}{C_u} \qquad C_u = 1\mathrm{Pa/m^2} \tag{A4.6}$$

流量Jの代わりにJ'を，またtの代わりに無次元の時間t/t_uを使うことで，wとηの不確定さは計算には入らない．ちなみに，玄武岩質マグマについては$w = 1\mathrm{m}$, $\eta = 10^3\mathrm{Pa.s}$として$t_u = 6\times10^3\mathrm{s} = 1.7\mathrm{hrs}$が，デイサイト質マグマについては$w = 10\mathrm{m}$, $\eta = 10^7\mathrm{Pa.s}$として$t_u = 6\times10^5\mathrm{s} = 7\mathrm{days}$が大まかな見積もりとして得られる．

数値計算では，時間と空間を適当な大きさに区分して微分を差分で置き換え，時間をステップ状に増やして，各時間ステップで変数の空間分布を計算する．各時間ステップでは，まず（A4.4）と（A4.5）を考慮しながら（A4.1）から変数の空間分布を求める．次に，（A4.2）から次の時間ステップのマグマ先端の位置y_mを求める．時間を増加させながら，この操作を繰り返すわけである．

この手順で一番面倒なのは（A4.1）をyについて積分するところである．$y = 0$での積分の出発値はΔpとして設定されるが，右辺第2項に含まれる定数Jは値が不明である．そこで，Jを可変にして上端で（A4.3）を満たす値を探すことになる．この計算はマグマの先端が地表に近づいてp_mが小さくなると不安定になりがちである．

計算に先立って，揮発性成分の質量比ϕなどの定数やマグマだまりの圧力増分Δpを決める必要がある．割れ目の長さy_mが0だと計算ができないので，y_mにも小さな初期値を設定する．

A5 津波の伝播

浅水波理論を用いて津波の伝播を計算する方法を述べる．実際の津波は地球の球面上を伝播するが，数学的な煩雑さを避けて，津波は平面上を伝播すると仮定する．水平面内にx軸とy軸をとり，海の深さ（水深）hをxとyの関数として設定する．海面が平衡状態からζだけ上下（上向きを正にとる）したとすれば，ζは次の質量保存則を満たす．

$$\frac{\partial \zeta}{\partial t} = -\frac{\partial}{\partial x}[(h+\zeta)v_x] - \frac{\partial}{\partial y}[(h+\zeta)v_y] \tag{A5.1}$$

ここで，tは時間，v_xとv_yは海の深さにわたって平均した海水の水平流速のxとy方向の成分である．

水平方向の流速が海水の圧力pに支配されるとすれば，運動方程式から

$$\rho\frac{\partial v_x}{\partial t} = -\frac{\partial p}{\partial x} \qquad \rho\frac{\partial v_y}{\partial t} = -\frac{\partial p}{\partial y} \tag{A5.2}$$

ここで，海水の密度ρは一定値とする．圧力変化の原因は海面の位置の変化にあるとして

$$p = p_o + g\rho\zeta \tag{A5.3}$$

ここで，gは重力加速度である．p_oは各深さでの平衡状態の圧力で，水平方向には依存しない．

(A5.3) 式を (A5.2) 式に代入すれば，

$$\frac{\partial v_x}{\partial t} = -g\frac{\partial \zeta}{\partial x} \qquad \frac{\partial v_y}{\partial t} = -g\frac{\partial \zeta}{\partial y} \tag{A5.4}$$

さらに，(A5.1) 式の両辺を時間で微分して，そこに (A5.4) 式を代入すれば

$$\frac{\partial^2 \zeta}{\partial t^2} = \frac{\partial}{\partial x}\left[g(h+\zeta)\frac{\partial \zeta}{\partial x}\right] + \frac{\partial}{\partial y}\left[g(h+\zeta)\frac{\partial \zeta}{\partial y}\right] \tag{A5.5}$$

これが求める微分方程式である．

(A5.5) 式を導く際に，$h+\zeta$は実質的にはhであるとして，その時間微分を無視した．この仮定を避けるためには，(A5.1) 式と (A5.4) 式を連立して解けばよい．また，(A5.5) 式には運動方程式の非線形項や海底で働く摩擦力などが考慮されていない．津波の計算には，これらの効果を取り入れたもっと複雑な方程式が使われることも多いが，津波伝播の重要な特徴は (A5.5) 式に含まれるので，本書では (A5.5) 式をシミュレーションに使うことにする．

深海ではζはhよりずっと小さく，hの水平方向の変化も余り大きくないので，(A5.5) 式は波動方程式に帰着し，ζは$(gh)^{1/2}$の伝播速度で海面上を伝わる

波動で表現される．hとして海の平均的な深さ4kmを代入すると，津波の伝播速度は200m/s（時速700km）にもなる．津波は遠洋をジェット機なみのスピードで伝わるのである．

津波の伝播速度は水深の平方根にほぼ比例するので，陸に近づいて水深が浅くなると，津波の伝播は遅くなる．津波の内部でみても，前面が後尾より伝播が遅れるで，津波は水平方向に圧縮されて波高が高まる．これが陸に近づいたときの津波の重要な特徴である．

6.1節ではx方向に伝播する1次元の津波を扱う(図6.1)．この場合には(A5.5)式は

$$\frac{\partial^2 \zeta}{\partial t^2} = \frac{\partial}{\partial x}\left[g(h+\zeta)\frac{\partial \zeta}{\partial x}\right] \tag{A5.6}$$

この微分方程式を解くためには，初期条件として津波の原因となる海面の初期変動と初期速度を設定する必要がある．ここでは，瞬時に生じた初期変動がしばらく保持されるとして，初期速度は0にする．

境界条件は海岸に対応するxの正の側と，遠洋に対応するxの負の側で設定する必要がある．遠洋の境界条件は不明なので，問題にする時間の範囲に反射波がもどってこないような十分に離れた点に境界を設けて，境界条件の影響を避けることにする．

海岸では海面の高まりの分だけ海岸線が水平方向に移動すると仮定すれば

$$\frac{\partial \zeta}{\partial t} = v \tan\theta \tag{A5.7}$$

となる．ここでvは海岸線が移動する速度，θは海岸線付近の陸の傾斜角である．vが（A5.4）式の流速v_xで置き換えられるとすれば，（A5.7）式は

$$\frac{\partial^2 \zeta}{\partial t^2} = -g \tan\theta \frac{\partial \zeta}{\partial x} \tag{A5.8}$$

これが海岸線でζが満たすべき境界条件である．

6.2節では，（A5.5）式を簡単な条件下で解いて津波の2次元的な伝播の特徴を調べる．発生源や深さの異常は幾何学的な形状を単純化して楕円の内部

に設定する．たとえば，海面の初期変位ζは，中心が(x_o, y_o)，長軸と短塾の長さがr_xとr_yの楕円の内部に次のように設定する．

$$\zeta = \zeta_0 \left[1 - \frac{(x - x_0)^2}{{r_x}^2} - \frac{(y - y_0)^2}{{r_y}^2}\right] \tag{A5.9}$$

ここで，ζ_oは楕円の中心での初期変位である．

A6 爆発と爆轟

爆発は高圧の領域が拡大する現象である．この現象は圧力の異なる状態が波として空間を伝播する過程とみることができる．そこで，状態の不連続が伝播する波について解析する．

状態の不連続面が波として伝播する速度をcとし，最初静止していた気体が波の通過後に速度がvになるものとする（図7.1左）．時刻tにxの位置にあった波面は時刻$t + \Delta\mathrm{t}$に$x + c\Delta t$の位置まで伝わり，tで波面上にあった気体は$x + v\Delta t$の位置まで移動するから，$\Delta\mathrm{t}$の間に波が通過した範囲は大きさが$c\Delta t$から$(c - v)\Delta t$に変わる．この範囲に質量保存則を適用すれば

$$\rho_o c = \rho_w (c - v) \tag{A6.1}$$

ここで，ρ_oとρ_wは初期状態および波が通過した後の密度である．

波の通過によって圧力がp_oからp_wに変わるとすれば，同じ領域に運動量保存則を適用して

$$p_w - p_o = \rho_w (c - v) v \tag{A6.2}$$

また，エネルギー保存則は次の形をとる．

$$(p_w - p_o) v = \frac{1}{2} \rho_w (c - v) v^2 + \rho_w (c - v) C T_w - \rho_o c C T_o \tag{A6.3}$$

（A6.3）式の左辺は圧力によってなされる仕事，右辺第1項は運動エネルギーの変化である．右辺第2項と第3項が内部エネルギーの変化で，Cは単位質量あたりの比熱である．

波の伝わる気体が理想気体で近似される空気だとすれば，密度ρは次の第1式（状態方程式）を満たして圧力pと絶対温度Tの関数になる．また，比熱は次の第2式で決まる定数になる．

$$\rho = \frac{Mp}{RT} \qquad C = \zeta \frac{R}{M} \tag{A6.4}$$

ここで，Rは気体定数，Mは空気の分子量である．ζは分子運動の自由度で決まる定数で，単原子分子なら2/3，空気のような2原子分子なら5/2になる．

（A6.2）式と（A6.3）式は（A6.1）式を使って次のよう書き換えられる．

$$p_w - p_o = \rho_o c v \tag{A6.5}$$

$$\frac{1}{2}v^2 = C(T_w - T_o) \tag{A6.6}$$

また，（A6.1）式と（A6.5）式からcとvは次のように求められる．

$$c = \frac{\rho_w}{\rho_o}\left(\frac{p_w - p_o}{\rho_w - \rho_o}\right)^{1/2} \qquad v = \frac{\rho_w - \rho_o}{\rho_w}c \tag{A6.7}$$

なお，理想気体の音速c_sは次のように表現される．

$$c_s = \left[\left(1 + \frac{1}{\zeta}\right)\frac{p}{\rho}\right]^{1/2} \tag{A6.8}$$

以上の関係式を用いて，波が通過した後の状態は圧力p_wが決まれば一義的に定まる．計算結果は図7.1右に示す．この計算には反復法を用いる．すなわち，まずT_wを適当に選んで（たとえばT_oと同じにして），（A6.4）の第1式からρ_wを求め，（A6.7）式からcとvを求める．次に（A6.6）式を用いてもっと精度の高いT_wの値を求める．この計算を収束するまで繰り返すわけである．

爆轟は火災が高圧を伴って拡大する現象である．この場合には，保存則や状態方程式が燃焼に影響をうけ，分子量や比熱も変化するはずである．しかし，可燃物が微量なときは，燃焼の効果をエネルギー保存則だけで考慮し，他の関係式はそのまま使ってもよいだろう．その場合には，（A6.3）式は次のように修正される．

$$(p_w - p_o)v + \rho_o c\phi Q = \frac{1}{2}\rho_w(c - v)CT_w - \rho_o cCT_o \tag{A6.9}$$

ここで, Qは可燃ガスの単位質量が燃焼したときの発熱量, ϕは可燃ガスが気体全体にしめる質量の割合である.

(A6.1) 式と (A6.2) 式を使うと, (A6.9) は次のように書き換えられる.

$$\frac{1}{2}v^2 + \phi Q = C(T_w - T_o) \tag{A6.10}$$

この式はvをv^2の形で含むので, その値が存在するためには

$$T_w > T_o + \frac{\phi Q}{C} \tag{A6.11}$$

が満たされなければならない.

燃焼の計算では燃焼熱Qと可燃ガスの割合ϕを設定する必要がある. 燃焼熱は物質によって数倍程度のばらつきがあるが, ここでは都市ガスや天然ガスなどを代表する値として$Q = 2\times10^7$J/kgを採用する. ϕは, $Q/C = 2.8\times10^4$Kと見積もられることから, 数%程度の小さな値にしないと (A6.11) の不等式を満たすT_wが異常に大きくなる.

計算はT_wを変化させてその関数として他の変数を決める. T_wに対応して (A6.10) 式からただちにvが求まるが, それ以外の変数は反復法で計算する. その手順は, cを仮に決めて (たとえばvより多少大きめな値にして), (A6.5) 式からp_wを, (A6.4) の第1式からρ_wを求め, 最後に (A6.1) 式からもっと精度の高いcを求めて, 反復計算の最初に戻る. この操作を収束するまで繰り返す.

この計算を実際にしてみると (図7.2), T_wを (A6.11) 式の右辺より多少大きめにしたときにはcが負になって伝播する波が得られない. T_wをさらに大きくすると, cが突然増加して燃焼が広がる解が出現するようになる. この解が爆轟を表現する.

A7 人口と食料供給の関係

人口と食料供給の関係を簡単なシミュレーションで調べる方法をのべる.

人口Hが時間tとともに次の関係式に従って変化すると仮定する.

$$\frac{dH}{dt} = rH \tag{A7.1}$$

比例定数rは人口増加率であり, それが正の定数ならば, マルサス[49]がいうように人口は幾何級数的（指数関数的）に増加する.

人口が幾何級数的に増加する理由は直感的にも理解できる. もし人々が皆結婚し, 世代交代にかかる時間T年の間に1組の夫婦が平均でb人の子供を産めば, rは（$b/2 - d$）$/T$となる. ここでdはT年間で死亡する人口の割合である. 夫婦が平均で2人以上の子供をもうけ, 平均寿命がT年より長ければ, 人口は幾何級数的に増加する.

実際には人口増加率rは定数ではなく, 様々な条件に複雑に依存するはずである. 中でも重要なのは生活の豊かさへの依存性であろう. 問題を単純化して, 豊かさは1人あたりの食糧生産量pで表現し, 食料は穀物で代表することにする.

$$p = \frac{P}{H} \qquad P = eS \tag{A7.2}$$

ここで, Pは食糧（穀物）の総生産量, Sは全耕地面積, eは生産効率（単位面積あたりの食料生産量）である.

耕地面積Sは, 地球上の耕作可能な総面積S_tから居住などに必要な面積を差し引いて

$$S = S_t - sH \tag{A7.3}$$

ここで, sは居住に必要な一人あたりの面積（狭い意味の居住ばかりでなく, 勤労, 交通, 娯楽など人間の様々な活動に必要な農業以外のすべての面積）とする.（A7.3）式は人口の増加に伴う農地の減少の効果を表現する. ただし, 人

口が増加後に減少に転じても，一度侵食された地域は農地には復旧しないものとする．

人口は食料の供給が不足する飢餓状態では減少し，食料事情がよくなるにつれて増加すると推定される．この傾向は過去数千年間にわたる人口の歴史的な変化からも読み取れる．一方で，豊かな先進国では人口が頭打ちになる事実もある．そこで，人口増加率rは豊かさpが極めて小さな値から増加するにつれて負から正に変わり，最大値を通過して，最終的には0に近づくものと推定される．

このような人口の変化傾向を定性的に表現するために，人口増加率rが豊かさpに次のように依存するものと仮定する．

$$r = \frac{p - p_o}{t_r p_m} \exp\left(1 - \frac{p}{p_m}\right) \tag{A7.4}$$

ここで，rはpが定数p_oを超えると正になり，pが$p_o + p_m$になるときに最大値をとって，以後はpの増加とともに0に近づく，rの大きさは時間の次元をもつ定数t_rに反比例するが，時間をt/t_rで規格化すれば，計算にはt_rの値を設定する必要がない．

生産効率eは生産方法の改善，品種や肥料の改良などによって向上するが，その実現には研究開発への投資，高機能の機材や能率的な生産方法の導入などが必要である．それができるのは豊かな社会なので，eの変化は次の関係式で豊かさpに依存すると仮定する．

$$\frac{de}{dt} = c(p - p_e) \tag{A7.5}$$

比例定数cが正のときには，eはpが定数p_eを境に減少から増加に転ずる．

(A7.1) ～ (A7.5) 式は変数Hとeの時間変化を閉じた形で記述する連立常微分方程式とみなされる．そこで，定数に加えてHとeの初期値を設定すれば，すべての変数の時間変化が計算できる．

A8 人間の歩行

歩行者の移動が力に制御されると考えて，物体の運動と類似な運動方程式を適用する方法が提案されている[52]. ただし，人間に働く力は物体とは異なるソーシャル・フォースである．ここでは，この定式化を多少簡略化して記述する．歩行者は自分の意思で移動するエージェントである．

集団の中で移動する個々の人間は，大きさや形状を無視して点で表すことにする．人間を番号で区別し，番号iをつけた人間の位置を$\mathbf{r}_i$，速度を$\mathbf{v}_i$とする．$\mathbf{r}_i$や$\mathbf{v}_i$は2次元のベクトルで，座標を用いて表現した位置や速度のx成分とy成分をまとめたものである．ベクトルを用いることで数式を短く書くことができる．

人間の移動，すなわち$\mathbf{r}_i$と$\mathbf{v}_i$の時間tへの依存性は，物体と同様な次の運動方程式に支配されるものと仮定する．

$$\frac{d\mathbf{r}_i}{dt} = \mathbf{v}_i \qquad \frac{d\mathbf{v}_i}{dt} = \frac{\mathbf{u}_i - \mathbf{v}_i}{\tau} + \mathbf{F}(\mathbf{r}_i, \mathbf{v}_i) + \sum_{j \neq i} \mathbf{f}(\mathbf{r}_j - \mathbf{r}_i, \mathbf{v}_j - \mathbf{v}_i) \quad \text{(A8.1)}$$

第1式は単に速度の定義である．第2式は速度の変化（加速度）が力で決まるとする運動方程式である．ここでは通常の運動方程式に表れる質量を省いて加速度を力とみなすことにする．

(A8.1) で第2式の右辺がソーシャル・フォースである．その第1項は$\mathbf{u}_i$で歩こうとする人間iの意志を表す．意思で保とうとする望ましい方向と速さをベクトル$\mathbf{u}_i$で表記するのである．$\mathbf{u}_i$は時間や場所に依存してもよい．運動方程式が第1項だけからなれば，速度$\mathbf{v}_i$は緩和時間τ程度の間に$\mathbf{u}_i$に収束する．第2項や第3項があると速度は$\mathbf{u}_i$にはならないが，第1項は速度を常に$\mathbf{u}_i$に近づけようとする．

右辺第2項は道路の端からはみ出さないように抑える力である．また，第3項は人間同士の相互作用で，和は自分以外のすべての人にわたるものとする．第2項の$\mathbf{F}$，第3項の$\mathbf{f}$は$\mathbf{r}$と$\mathbf{v}$の関数として以下のように決まるベクトルである．

道路からはみ出さないようにする作用は，道路の端から働く反発力（斥力）の形で表現される．

$$\mathbf{F}(\mathbf{r},\mathbf{v}) = p_w \exp\left(-\frac{s}{s_c}\mathbf{n}\right) \qquad s_c = s_w\left(1-\frac{\mathbf{vn}}{v_w}\right) \tag{A8.2}$$

ここで，対象とする人間の位置を$\mathbf{r}$，速度を$\mathbf{v}$として，sは人間の位置から道路の端の最近接点までの距離，$\mathbf{n}$はこの最近接点から人間の方向に立てた法線（端に垂直な長さ1のベクトル）である．この第1式によれば，反発力は道路の端と垂直に働き，その大きさは端からの距離とともに指数関数で減少する．反発力の及ぶ範囲を決めるs_cは第2式のように変化し，反発力は三つの定数p_w，s_w，v_wで定まる．

（A8.2）の第2式で$\mathbf{vn}$（$= v_x n_x + v_y n_y$）はベクトル$\mathbf{v}$と$\mathbf{n}$の内積で，s_cは人間が道路の端に向かうと大きく，離れると小さくなる．第1式と合わせて，人間は道路の端に近づくときに大きな反発力を感じる．内積$\mathbf{vn}$と定数v_wの兼ね合いでs_cは0や負にもなりうるが，それは無意味なので，ある値より小さくならないように正の最小値を設ける．この最小値は十分に小さく選べば計算結果に影響しない．

人間同士の相互作用には，相互に近づきすぎないようにする反発力だけを考慮して，（A8.2）式と類似な次式を適用する．

$$\mathbf{f}(\mathbf{r},\mathbf{v}) = -p_h \exp\left(-\frac{r}{r_c}\right)\frac{\mathbf{r}}{r} \qquad r_c = r_h\left(1-\frac{\mathbf{vr}}{v_h r}\right) \tag{A8.3}$$

反発力は着目する2人の人間の位置と速度の差$\mathbf{r}$と$\mathbf{v}$に依存して，$\mathbf{r}$と反対方向に働く．ここでrはベクトル$\mathbf{r}$の長さで，$\mathbf{r}/r$は相手の方向に向く長さ1のベクトルである．反発力の大きさは定数p_h，r_h，v_hで決まり，相手に近づくに場合に大きく，相手から遠のく場合に小さくなる．なお，r_cの変化を考慮することで，2人の人間の間に働く力は物体に普遍的に成立する作用反作用の法則を満たさなくなる，

（A8.1）式の常微分方程式を（A8.2），（A8.3）式と組み合わせてtについて積分することで，集団に属するすべての人間の位置と速度が初期状態から追跡できる．

引用文献

[1] 徳野博信：『脳入門のその前に』共立出版, 2013.

[2] 川上紳一・東條文治：『図解入門 最新地球史がよくわかる本―「生命の星」誕生から未来まで』秀和システム, 2006.

[3] 松尾豊：『人工知能は人間を超えるか：ディープラーニングの先にあるもの』角川書店, 2015.

[4] 斎藤康毅：『ゼロから作るDeep Learning―Pythonで学ぶディープラーニングの理論と実装』トップスタジオ, 2016.

[5] 川西諭：『ゲーム理論の思考法』中経出版, 2013.

[6] 井田喜明：『自然災害のシミュレーション入門』朝倉書店, 2014.

[7] Center for Research on Epidemiology of Disasters: "The International Disaster Database"http://emdat.be/, 2017.

[8] 井田喜明：『地球の教科書』岩波書店, 2014.

[9] 鳥海光弘・松井孝典・住明正・平朝彦・鹿園直建・青木孝・井田喜明・阿部勝征：『社会地球科学（新装版地球惑星科学14）』岩波書店, 2011.

[10] 井田喜明：『地震予知と噴火予知』筑摩消防, 2012.

[11] 鎌田浩毅：『せまりくる「天災」とどう向き合うか』ミネルヴァ書房, 2015.

[12] 国立天文台（編）：『理科年表』丸善, 2017.

[13] Wikipedia：『地震の年表』, https://ja.wikipedia.org/wiki/, 2017.

[14] G-ma：『大災害データベース』, http://gdwall.image.coocan.jp/wddindex.html, 2017.

[15] 浅井冨雄・新田尚・松野太郎：『基礎気象学』朝倉書店, 2000.

[16] 時岡達志・山岬正紀・佐藤信夫：『気象の教室5：気象の数値シミュレーション』東京大学出版会, 1993.

[17] 二宮洸三：『数値予報の基礎知識』オーム社, 2004.

[18] 二宮洸三：『気象と地球の環境科学（改定3版）』オーム社, 2012.

[19] 多田隆治：『気候変動を理学する』みすず書房, 2013.

[20] 井田喜明：『人類の未来と地球科学』岩波書店, 2016.

[21] IPCC (Intergovernmental Panel on Climate Change): "Climate Change 2013: The Physical Science Basis", IPCC, 2013.

[22] 気象庁：『災害をもたらした気象事例』www.data.jma.go.jp/obd/stats/data/bosai/report/index.html, 2017.

[23] グリーンC. H.：『温暖化で寒くなる冬』別冊日経サイエンス, 197, 43-48, 2014.

[24] 宇津徳治：『地震学』共立出版, 1977.

[25] 高安秀樹：『フラクタル（新装版）』朝倉書店, 2010.

[26] Aki., K.: "Asperities, barriers, characteristic earthquakes and strong motion prediction" *J. Geophys. Res.,* 89, 5867-5872, 1984.

[27] Kanamori, H. and Stewert, J.: "Seismological aspects of the Guatemara Earthquake of February 4, 1976" *J. Geophys. Res.,* 83, 3427-3434, 1978.

[28] Dieterich, J. H.: "A constitutive law for rate of earthquake production and its application to earthquake clustering" *J. Geophys. Res.-Solid Earth,* 99, 2601–2618, 1994.

[29] Smith, D. E. and Dieterich, J. H.: "Aftershock sequences modeled with 3-D stress heterogeneity and rate-state seismicity equations: Implication for crustal stress estimation" *Pure Appl. Geophys.,* 167, 1067-1085, 2010.

[30] 気象庁 :『平成23年 (2011年) 東北地方太平洋沖地震』 http://www.data.jma.go.jp/svd/eqev/data/2011_03_11_tohoku/index.html, 2017.

[31] 地震調査委員会 :『平成28年 (2016年) 熊本地震の評価』 http://www.jma.go.jp/jma/menu/h28_kumamoto_jishin_menu.html, 2016

[32] Ichihara, M., Rittel, D. and Sturtevant, B.: "Fragmentation of a porous viscoelastic material: implications to magma fragmentation" *J. Geophys. Res.* 107. doi:10.1029/2001JB000591, 2002.

[33] Woods, A. W.: "Dynamics of explosive volcanic eruptions" *Rev. Geophys.,* 33, 495-530, 1995.

[34] Ida, Y.: "Computer simulation of time-dependent magma ascent processes involving bubbly and gassy flows" *J. Volcanol. Geotherm. Res.,* 196, 45-56, 2010.

[35] Rust, A. C. and Cashman, K. V.: "Permeability of vesicular silisic magma: inertial and hysteresis effects" *Earth Planet. Sci. Lett.,* 228, 93-107, 2004.

[36] Ida, Y.: "Magma chamber and eruptive processes at Izu-Oshima volcano, Japan: buoyancy control of magua migration" *J. Volcanol. Geotherm. Res.,* 66, 53-67, 1995.

[37] Suzuki, Y. J., Koyaguchi, T., Ogawa, M. and Hachisu, I.: "A numerical study of turbulent mixing in eruption clouds using a three-dimensional fluid dynamics model" *J. Geophys. Res.,* 110, B08201, doi: 10.1029/2004JB003460, 2005.

[38] Ongaro, T. E., Cavazzoni, C., Erbassi, G., Neri, A. and Salvetti, M., V.: "A parallel multiphase flow code for the 3D simulation of explosive volcanic eruptions" *Parallel Comput.,* 33, 541-560, 2007.

[39] 新堀敏基・相川百合・福井敬一・橋本明弘・清野直子・山里平 :『火山灰移流拡散モデルによる量的降灰予測：2009年浅間山噴火の事例』 気象研究所研究報告, 61, 13-39, 2010.

[40] Okada, Y.: "Surface deformation due to shear and tensile faults in a half-space" *Bull. Seismol. Soc. Amer.,* 75, 1135-1154, 1985.

[41] NHKサイエンスZERO取材班・古村孝志・伊藤喜宏・辻健 (編著) :『東日本大震災を解き明かす』 NHK出版, 2011.

[42] 本川裕 :『東日本大震災で確認された津波の高さ』 www2.ttcn.ne.jp/honkawa/4363b.html, 2017.

[43] Maeda, T., Furumura, T., Sakai, S. and Shinohara, M.: "Significant tsunami observed at ocean-bottom pressure gauges during the 2011 off the Pacific coast of Tohoku earthquake" *Earth Planets Space,* 63, 803-808, 2011.

[44] Ozawa, S., Nishimura, T., Suito, H., Kobayashi, T., Tobita, M. and Imakiire, T.: "Coseismic and postseismic slip of the 2011 magnitude-9 Tohoku-Oki earthquake" *Nature,* 475, 373-376, 2011.

[45] Yoshida, Y., Ueno, H. Muto, D. and Aoki, S.: "Source process of the 2011 off the Pacific coast of the Tohoku earthquake with the combination of teleseismic and strong motion data" *Earth Planets Space,* 63, 565-569, 2011.

[46] Fujii, Y., Satake, K, Sakai, S., Shinohara, M. and Kanazawa, T.: "Tsunami source of the 2011 off the Pacific coast of Tohoku earthquake" *Earth Planets Space,* 63, 815-820, 2011.

[47] 気象庁 :『津波観測点（全国）』http://www.data.jma.go.jp/svd/eqev/data/tsunamimap/, 2017.

[48] Raczynski, S. : "Simulation of the dynamic interactions between terror and anti-terror organizational structures" *J. Artific. Societ. Social. Simul.,* 7(2), 1-16, 2004.

[49] マルサス（永井義雄訳）:『人口論』中央公論新社, 1973.

[50] メドウズ・D・H, メドウズ・D・L, ラーンダズ・J, ベアランンズ三世・W・W（大来佐武郎監訳）:『成長の限界―ローマ・クラブ「人類の危機」レポート』ダイアモンド社, 1972.

[51] Hughes R. L.: "A continuum theory for the flow of pedestrians" *Transp. Res.,* B36, 507–35, 2002.

[52] Helbing, D. and Molnar, P.: "Social force model for pedestrian dynamics" *Physical Review*, E51, 4282-4286, 1995.

[53] Helbing, D., Buzna, L, Johansson, A. and Welner, T.: "Self-organized pedestrian crowd dynamics: Experiment, simulations and design solutions," *Tranportation Sci.,* 39, 1-24, 2005.

[54] Helbing, D., Farkas, I. and Vicsek, T.: "Simulating dynamic features of escaping Panic" *Nature* ,407, 487–490, 2000.

[55] 西成活祐 :『渋滞学』新潮社, 2006.

[56] 加藤恭義 :『セルオートマトン法による道路交通シミュレーション』人口知能学会, 15, 242-250, 2000.

[57] 西成活祐 :『渋滞のサイエンスとその解消法』物理学会誌, 71, 170-173, 2016.

[58] 大口敬（編著）:『交通渋滞徹底解剖』丸善, 2005.

索 引

ひ

ふ

へ

ほ

ま

み

め

も

ゆ

よ

り

れ

■著者紹介

井田 喜明（いだ よしあき）

1941年東京生まれ，東京大学理学部物理学科卒業，同大学院理学系研究科地球物理学博士課程修了.
マサチューセッツ工科大学，東京大学物性研究所，同海洋研究所，同地震研究所，姫路工業大学（2004年度からは兵庫県立大学）などで研究・教育に携わりながら，日本火山学会会長，火山噴火予知連絡会会長なども務める．現在はアドバンソフト株式会社研究顧問．東京大学名誉教授，兵庫県立大学名誉教授.
専門は固体地球物理学.

主な著書に，『人類の未来と地球科学』『地球の教科書』（岩波書店），『自然災害のシミュレーション入門』（朝倉書店），『地震予知と噴火予知』（ちくま学芸文庫），『図説 地球科学』（編著 岩波書店），『〈岩波講座 地球惑星科学14〉社会地球科学』（共著 岩波書店），『火山爆発に迫る』（編著 東京大学出版会），『火山の事典』（編著 朝倉書店）などがある.

シミュレーションで探る災害と人間

2018年7月31日　初版第1刷発行

著　者　井田　喜明
発行人　井芹　昌信
発行所　株式会社近代科学社
〒162-0843　東京都新宿区市谷田町2-7-15
電話　03-3260-6161　振替 00160-5-7625
http://www.kindaikagaku.co.jp

三美印刷　ISBN978-4-7649-0563-4
定価はカバーに表示してあります.